AF328361

GAMMES STÉNOGRAPHIQUES

RECUEIL DE TEXTES CHOISIS

POUR

L'ACQUISITION MÉTHODIQUE

DE LA VITESSE

PRÉCÉDÉ D'UNE INTRODUCTION

PAR

J. B. ESTOUP

VICE-PRÉSIDENT DE L'INSTITUT STÉNOGRAPHIQUE DE FRANCE

STÉNOGRAPHE DE LA CHAMBRE DES DÉPUTÉS

3ᵉ ÉDITION

PARIS

INSTITUT STÉNOGRAPHIQUE

150, BOULEVARD ST-GERMAIN

1912

GAMMES STÉNOGRAPHIQUES

RECUEIL DE TEXTES CHOISIS

POUR

L'ACQUISITION MÉTHODIQUE DE LA VITESSE

GAMMES STÉNOGRAPHIQUES

RECUEIL DE TEXTES CHOISIS

POUR

L'ACQUISITION MÉTHODIQUE

DE LA VITESSE

PRÉCÉDÉ D'UNE INTRODUCTION

PAR

J. B. ESTOUP

VICE-PRÉSIDENT DE L'INSTITUT STÉNOGRAPHIQUE DE FRANCE

STÉNOGRAPHE DE LA CHAMBRE DES DÉPUTÉS

3ᵉ ÉDITION

PARIS

INSTITUT STÉNOGRAPHIQUE

150, BOULEVARD ST-GERMAIN

1912

GAMMES STÉNOGRAPHIQUES

RECUEIL DE TEXTES CHOISIS

POUR

L'ACQUISITION MÉTHODIQUE DE LA VITESSE

PRÉCÉDÉ D'UNE INTRODUCTION

PAR

J. B. ESTOUP

VICE-PRÉSIDENT DE L'INSTITUT STÉNOGRAPHIQUE DE FRANCE
STÉNOGRAPHE DE LA CHAMBRE DES DÉPUTÉS

L'apprentissage de la sténographie comporte trois stades bien définis : d'abord l'étude théorique du système ; en second lieu, l'acquisition de la vitesse ; enfin la pratique de la profession.

Le premier et le dernier de ces stades ont été très amplement traités, le premier (d'une manière insuffisamment scientifique à mon sens) par l'innombrable armée des auteurs de systèmes variés, le dernier par un grand nombre de professionnels très expérimentés. Mais, sur le deuxième, concernant la méthode d'acquisition de la vitesse, nos auteurs se sont montrés beaucoup moins prolixes ; ils se sont en somme bornés à de vagues et assez inefficaces exhortations au travail. Beaucoup même paraissent avoir très cavalièrement passé la jambe par dessus cet obstacle, ou mieux encore, ne l'ont peut être pas vu.

Cependant cet obstacle existe, hélas ! et il ne faut pas avoir poussé bien loin l'étude de la sténographie pour s'apercevoir qu'il est considérable. La plupart même de ceux qui entreprennent cette étude, le trouvent si considérable qu'après quelques efforts infructueux, ils perdent tout espoir et abandonnent la lutte. Si l'enseignement de la sténographie, pourtant distribué à profusion depuis de nombreuses années, n'a pas

, donné jusqu'ici des résultats pratiques bien brillants, la cause en est dans ce découragement qui s'empare de l'élève lorsqu'il a franchi le premier stade de cette étude.

Mais il serait inutile d'avoir constaté et signalé la difficulté si on devait se borner à de vaines lamentations et si on ne devait pas, au contraire, s'efforcer de trouver le moyen de la vaincre. Ce moyen doit être cherché dans la détermination d'une méthode systématique, réglementant d'une manière concrète et précise, une série d'exercices susceptibles de mener progressivement et sûrement au but poursuivi. Pour établir cette méthode, on s'inspirera du grand principe directeur de la pédagogie moderne, c'est-à-dire que l'on prendra pour base la connaissance des des lois de l'esprit humain et l'observation psychologique du mécanisme de la sténographie.

I

LE MÉCANISME PSYCHOLOGIQUE DE LA STÉNOGRAPHIE

Par quel mécanisme psychologique le sténographe passe-t-il de l'audition du langage à l'exécution des mouvements graphiques qui servent à le fixer avec la rapidité nécessaire ?

Les Images visuelles et motrices. — Après avoir perçu et compris la sensation auditive, le sténographe doit d'abord construire mentalement, se donner une représentation intérieure nette et complète de la forme à tracer, c'est-à-dire concevoir une *image visuelle* du signe.

Mais cette image, seule, serait sans efficacité pour mouvoir les muscles du bras et de la main qui doivent procéder à l'exécution du tracé ; il faut encore que la conscience détermine quels groupes de muscles doivent être mis en mouvement, quelle quantité d'effort il est nécessaire d'envoyer à chacun pour produire un mouvement précis, c'est-à-dire que le sténographe doit, pour chaque signe, concevoir une *image motrice*.

De la perfection de ces images visuelles et motrices dépend l'habileté de la main qui est en partie naturelle, mais aussi qui s'acquiert par un exercice approprié suffisant. Le rappel prompt et sûr de ces images est ce qui importe le plus dans l'œuvre du sténographe ; car la seule représentation d'un mouvement tend à le réaliser ; « c'est déjà un mouvement qui commence », a dit Th. Ribot.

L'Effort musculaire. — D'ailleurs l'effort musculaire exigé par l'écriture sténographique est bien peu de chose. Des expériences qui ont été faites à ce sujet prouvent que le mouvement de la main du sténographe écrivant à la vitesse de 180 mots par minute, est moins rapide que celle de l'écrivain traçant 30 mots par minute à l'écriture ordinaire. D'expériences concordantes, il résulte encore qu'à cette même vitesse de 180 mots par minute, le temps total des levés de plume est à peu près égal au temps total des appuyés, c'est-à-dire du tracé lui-même des signes. Comme il est impossible d'admettre que, par lui-même, un levé de plume demande plus de temps que le tracé d'un signe composé de plusieurs éléments, il faut conclure de cette constatation que le levé de plume correspond à un travail réel quoique ne laissant pas de trace sur le papier ; c'est en effet pendant que la plume est levée que le travail mental s'opère, que le sténographe imagine et combine le mouvement qu'il va exécuter.

Le sténographe n'est donc pas une sorte de prestidigitateur capable d'imprimer à son crayon un mouvement d'une rapidité prodigieuse ; ce n'est pas comme on est porté à le croire, un homme qui écrit vite ; non ! c'est un homme qui perçoit vite, qui comprend vite, qui imagine et qui associe vite. La sténographie n'est pas plus affaire de travail mécanique de la main que la parole n'est affaire d'effort de larynx. Lorsqu'à la suite d'un travail prolongé, le sténographe est fatigué, dans cette fatigue l'élément physiologique n'est rien, l'élément psychologique est tout.

Loi de l'association des idées. — Toute la difficulté de l'acte de la sténographie consiste dans la formation rapide des images visuelles et motrices. Cette formation exige des efforts de mémoire, de combinaison et souvent même de véritables inventions qui rendent au début l'acte très complexe, très pénible, et on sait que lorsqu'un acte s'effectue péniblement, il ne peut s'accomplir qu'avec lenteur.

Heureusement ce travail original de mémoire et de combinaison n'est nécessaire qu'au début. Bientôt il disparaît en grande partie grâce à la propriété qu'ont nos idées de s'évoquer mutuellement lorsqu'une fois elles ont coïncidé dans la conscience, grâce à cette force mystérieuse d'aimantation qu'elles ont les unes sur les autres, c'est-à-dire grâce à cette faculté dont la psychologie du siècle dernier a mis en lumière l'importance exceptionnelle et qui s'appelle l'Association des idées. Une première fois, lorsque j'ai appris la sténographie, j'ai fait coïncider dans ma conscience une perception auditive d'un mot, une image visuelle et une image motrice, d'abord construites laborieusement ; toujours, par la suite, ces éléments s'appelleront les uns les autres. Dès que j'entendrai ce mot, sans avoir affaire à aucun effort de réflexion, de combinaison ou même de mémoire, le signe surgira dans mon esprit en image visuelle. Celle-ci amènera de la même façon l'image motrice. Peu à peu même, l'acte ayant été suffisamment répété, l'image visuelle ne sera plus nécessaire pour rappeler l'image motrice ; celle-ci s'évoquera, sans aucun intermédiaire, en face de la sensation auditive. Je dirai alors que j'ai mon signe *dans les doigts*.

L'Habitude. — Telle est la loi de l'Habitude. Mais l'acte, grâce à l'Habitude, n'a pas seulement gagné en promptitude et en aisance, il a encore gagné en perfection. Au début, malgré toute ma bonne volonté, mes signes étaient imparfaits, grossiers, hésitants ; peu à peu, à force de les répéter, j'ai commencé à mieux faire : le progrès s'est ensuite accentué et maintenant l'exécution est parfaitement adaptée, sûre et sans erreur.

Un autre avantage de l'Habitude est de rendre inutile toute intervention de l'attention et de la volonté. L'attention qui, au début, devait exercer une surveillance constante, était tout entière occupée à la formation des signes, peut maintenant se dispenser de ce travail absorbant. L'acte habituel est à peu près inconscient ; il a l'air de se faire en dehors de nous et sans que l'attention intervienne. Même, lorsqu'elle intervint, elle est plutôt une cause de gêne et de trouble. Ce qui se passait autrefois à la pleine lumière de la conscience, tombe de plus en plus dans les régions d'une obscurité absolue.

L'Automatisme. — Lorsqu'un mouvement en est arrivé à ce point, on dit qu'il est devenu *automatique*. Le travail de transformation des sensations auditives du langage en images musculaires graphiques n'est conscient qu'autant qu'il est nécessaire qu'il le soit. A mesure que la conscience devient inutile, on la voit disparaître et l'automatisme s'établir. Lorsque cet automatisme est parfait, l'image musculaire est déterminée d'une manière immédiate par la sensation auditive qui fait l'effet d'un simple déclanchement.

L'automatisme est, d'ailleurs, une condition nécessaire du travail du sténographe ; car le sténographe a bien autre chose à faire qu'à surveiller la formation de ses signes Il doit surtout écouter l'orateur, s'appliquer à prendre de la parole entendue une connaissance nette et détaillée, suivre, dans ses moindres méandres, une pensée qui lui est d'autant plus étrangère que souvent le sujet traité est tout à fait nouveau pour lui. Cette œuvre exige un effort considérable, continu, sans trêve, mettant en jeu les facultés les plus délicates. On ne comprend, en effet, la pensée exprimée par un autre qu'à la condition de refaire, pour son propre compte, les mêmes opérations qui ont servi à sa production dans l'esprit de son auteur. Le sténographe devra donc à la suite de l'orateur, juger, abstraire, comparer, généraliser, analyser, déduire, etc... toutes opérations qui se rangent parmi les plus compliquées et les plus difficiles de l'esprit humain.

Ainsi le sténographe doit en quelque sorte se dédoubler : il faut qu'il y ait en lui, agissant ensemble, une intelligence qui raisonne pour s'assimiler rapidement une pensée dans ses moindres détails et, au-dessous, un automate qui écrit. En faisant disparaître à peu près complètement de la conscience le travail de l'écriture, l'automatisme nous permet de porter notre attention sur l'objet du discours, sur la marche générale de la discussion, sur les interruptions, sur les mouvements de l'assemblée ; il nous permet de nous entendre, de voir, de comprendre, opérations toujours originales et difficiles pour lesquelles l'esprit n'a jamais trop de liberté.

La loi de l'automatisme est donc pour nous d'une importance capitale. L'automatisme complet de l'écriture est un idéal qui n'est jamais atteint : mais un automatisme partiel est une nécessité absolue, à quelque degré de vitesse que l'on veuille arrêter son apprentissage. Sans automatisme, il n'y a pas de sténographie possible à aucun degré. L'importance de cette loi est si grande que je ne craindrai pas d'affirmer que la pédagogie de la sténographie doit consister à peu près exclusivement dans la détermination des moyens d'acquérir cette automatisation.

Evolution de l'Apprentissage. — En résumé, l'acte sténographique est une synthèse d'opérations diverses. Cette synthèse est d'autant plus difficile et plus longue à s'effectuer, que les éléments qui la composent sont nombreux. La rapidité du mouvement est obtenue par l'élimination du plus grand nombre possible de ces éléments.

L'évolution de l'apprentissage s'opère en passant par trois phases principales successives, où les éléments intellectuels sont de moins en moins nombreux.

Dans la première phase cette synthèse peut se décomposer ainsi ;

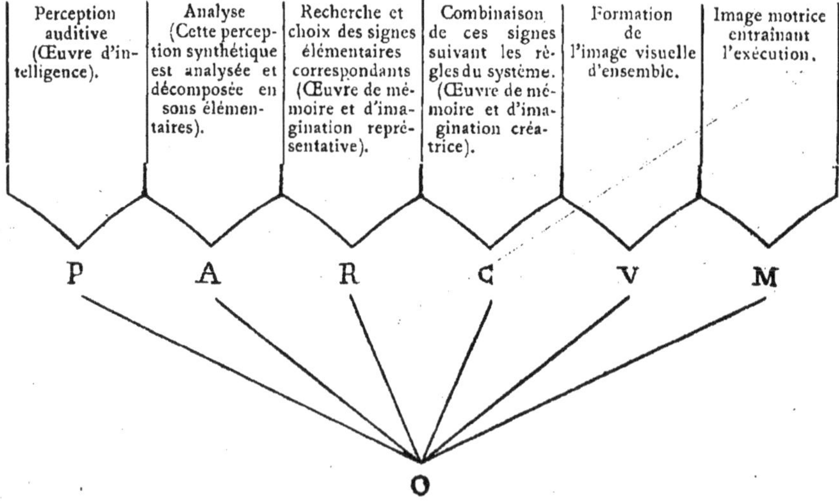

Dans la deuxième phase, les opérations A, R, C, qui demandaient des efforts de raisonnement, de mémoire, d'imagination, disparaissent lorsque l'acte a été répété assez de fois. Il suffit maintenant d'un léger effort d'attention pour que la Perception auditive évoque directement, sans passer par ces opérations intermédiaires, l'image visuelle associée à l'image motrice.

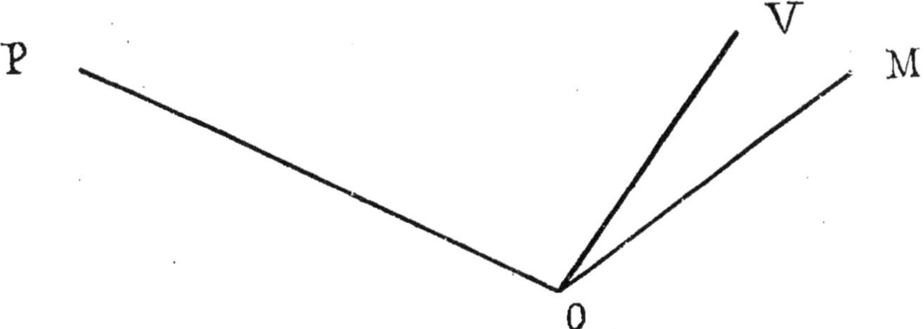

Dans la troisième phase, la synthèse est réduite à sa plus simple expression. L'image visuelle n'est plus nécessaire ; elle disparaît et, du premier élément P, nous passons directement et automatiquement au dernier M, sans même que la conscience assiste à ce phénomène.

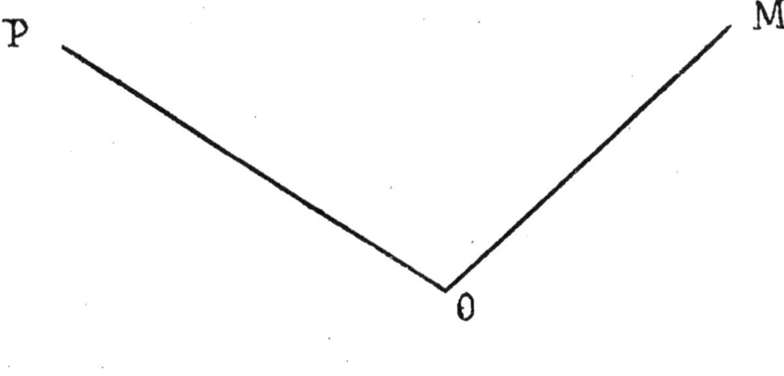

II

EXPOSÉ DE LA MÉTHODE DES GAMMES

Difficultés à surmonter. — L'apprentissage de la sténographie est toujours laborieux et pénible. On a souvent cité une page où Charles Dickens décrit de façon très amusante les efforts auxquels il a dû se livrer pour devenir sténographe. On a prétendu que le tableau était poussé au noir et que, dans tous les cas, si le célèbre romancier avait eu tant de mal, cela tenait à l'imperfection de son vieux système, tandis qu'aujourd'hui, d'après certains, rien ne serait plus aisé.

Hélas ! il n'en est rien. Ce « travail de cheval de fiacre », selon l'expression pittoresque de Dickens, ces transes, ces alternatives d'espoir et de découragement, d'enthousiasme et de déboires, ces tâtonnements, ces marches et contre-marches, tous ceux qui sont parvenus à « apprivoiser l'art sauvage » de la sténographie les ont connus, et ces difficultés ne seront pas épargnées à nos successeurs.

Cet apprentissage exige surtout un effort patient et continu, ce qui est, a-t-on dit avec raison, l'apanage exclusif des tempéraments forts et des esprits d'élite. Dans tous les cas, l'élève qui n'a jamais eu d'initiative dans la distribution de son travail, à qui on n'a enseigné aucune méthode appropriée à sa faiblesse, est exactement comme un homme qu'on jetterait à l'eau sans lui avoir appris à nager. Il se noie, cela va sans dire. S'il ne réussit pas, c'est qu'il ne sait ni travailler, ni vouloir, il est donc nécessaire de le lui apprendre.

Écueil des anciens procédés. — Jusqu'à ces derniers temps, en l'absence de toute méthode systématique et rationnelle, les sténographes se sont formés au petit bonheur, au hasard des procédés empiriques.

Il en est d'abord un très naïf, auquel recourent volontiers et plus souvent qu'on ne l'imagine, les débutants : c'est celui qui a été essayé et si drôlement décrit par Dickens. Muni de la seule connaissance théorique du système, on va s'asseoir en face d'un orateur et on prend... ce que l'on peut. Méthode déplorable ! Outre qu'elle ne peut amener aucun progrès, elle engendre la fâcheuse habitude de sauter à pieds joints par dessus les passages difficiles : on n'écrit que ce qui est facile, c'est-à-dire ce que l'on sait déjà ; on ne cultive que les associations déjà formées.

L'échec de ce premier procédé conduit ceux qui sont tenaces, à adopter le procédé jusqu'à maintenant le plus généralement employé et qui consiste à se faire dicter à une allure d'abord lente puis progressivement plus rapide, des textes toujours nouveaux. Outre que tout le monde n'a pas sous la main la personne dévouée disposée à se soumettre à ce supplice d'un genre nouveau, cette méthode présente, bien qu'à un moindre degré, le même défaut que la méthode précédente. L'élève est uniquement préoccupé de suivre son dicteur. S'il n'escamote pas purement et simplement, comme tout à l'heure, les passages difficiles, du moins il ne les étudie pas à fond, il passe dessus rapidement ; il tronque et surtout il déforme.

D'ailleurs, les débutants ne se rendant pas compte que la vitesse s'acquiert seulement par l'automatisation des images, ont tendance à la chercher plutôt dans une accélération intempestive des mouvements de la main. N'ayant pas la vitesse, ils s'en donnent l'illusion, l'hallucination, par des mouvements désordonnés. Tendance fâcheuse contre laquelle on ne saurait trop mettre les élèves en garde ! Car, sans profit aucun pour le progrès, cette erreur les porte à contracter l'habitude de la déformation, habitude funeste dont ils se débarrasseront difficilement, même lorsqu'ils auront réellement acquis la vitesse.

Connexité entre la marche de l'éducation et les lois d'évolution de l'esprit. — Ces erreurs de méthode proviennent de ce qu'on n'a pas eu l'idée d'appliquer à l'enseignement de la sténographie le grand principe de la pédagogie, qui veut qu'en toute matière, l'éducation se conforme, dans sa marche, aux lois de l'évolution naturelle de l'esprit, que l'on passe du simple au complexe, du facile au difficile, qu'en face d'un travail compliqué à accomplir, on série les difficultés, on n'en présente jamais qu'une seule à la fois.

Ces principes n'ont pas besoin de démonstration, mais reste à déterminer ce qui, dans la matière qui nous occupe, est le simple, le facile, ce qui est le complexe, le difficile.

Nous avons vu que, dans l'œuvre du sténographe, toute la difficulté consiste dans le rappel prompt et automatique des images visuelles et motrices, images qui doivent être évoquées par le simple jeu de l'association des idées sans qu'on ait la peine, parce qu'on n'en a pas le temps, de procéder au travail de leur formation. Toute recherche, toute hésitation est la mort de la vitesse. Aussi ne s'agit-il pas seulement de connaître toutes les règles d'un système. Cette connaissance, si parfaite soit-elle, restera complètement inutile si on se borne là. Il est nécessaire d'aller plus loin, d'apprendre par cœur, de se mettre dans la main *tous* les signes correspondants aux mots que l'on aura à sténographier. A cette fin il est indispensable non seulement d'avoir vu et d'avoir écrit tous ces signes, mais encore de les avoir répétés et ressassés un très grand nombre de fois.

Efficacité de la méthode des gammes. — La répétition est nécessaire dans toutes les branches de l'enseignement, mais en ce qui concerne les arts, elle joue un rôle prépondérant. Savoir et retenir après un seul effort d'attention ou une unique intellection, est un idéal qui se réalise parfois en mathématiques, mais qui, dans l'apprentissage d'un art et en particulier du nôtre, ne se réalise jamais. On apprend à sténographier comme on apprend à coudre, à scier, à limer, par une éducation qui consiste en actes répétés, exécutés avec une grande attention et une longue patience.

D'ailleurs, connaître ainsi de cette façon pratique tous les signes des mots, n'est pas une tâche si effrayante qu'elle le paraît au premier abord. Le nombre des mots employés par l'orateur et surtout par l'improvisateur est bien loin d'être illimité. On a évalué à un maximum de 3.000 le nombre des mots employés par une personne cultivée. L'orateur en a à sa disposition une quantité bien moindre.

Cependant il serait vain d'essayer, d'un seul effort de mémoire, d'embrasser à la fois tous les signes nécessaires. Inspirons-nous alors de la fable « Le Vieillard et ses enfants ». Puisque nous ne pouvons venir à bout de la difficulté d'un seul coup, divisons-la, étudions nos signes par groupes d'abord petits, puis, successivement et progressivement, plus considérables.

Nous aurons, au début, un exercice facile en prenant un texte d'une dizaine de lignes seulement, dont nous étudierons à part chaque signe. que nous écrirons d'abord très lentement et que nous répéterons patiemment jusqu'à ce que nous ayons atteint, pour ce petit groupe de signes, la vitesse que nous nous sommes proposée d'avance.

Cet exercice sera simple et facile parce que les difficultés seront abordées méthodiquement les unes après les autres. Dans l'espace de quelques heures, pour ce faisceau particulier de signes, nous serons passés par toutes les phases de l'évolution générale de l'apprentissage. Au début, débarrassés de toute autre préoccupation, faisant appel à toutes les règles de notre système, nous aurons formé soigneusement des signes d'une correction parfaite ; à la deuxième, à la troisième, à la quatrième répétition, les images visuelles se seront présentées à la mémoire sans aucun effort ; aux répétitions suivantes, les muscles auront appris à exécuter, d'abord avec correction, puis même avec élégance, le mouvement graphique ; peu à peu le mouvement sera devenu plus facile, plus sûr ; à la quarantième, à la cinquantième répétition, il sera devenu inconscient et automatique. Alors ce petit faisceau de signes sera dans la main ; il n'en sortira plus.

Les gammes suivantes, progressivement plus longues, deviendront d'exécution plus facile parce qu'à chacune d'elles augmentera le nombre des associations déjà formées et qui se représente forcément. Il arrivera enfin un moment où ces associations seront tellement nombreuses qu'elles porteront sur presque toute la trame d'un discours quelconque, les signes nouveaux n'étant qu'une infime exception. C'est alors qu'on sera devenu sténographe.

Dans l'accomplissement de cette gymnastique intellectuelle, l'étudiant ne devra jamais perdre de vue le but final, qui est l'acquisition de la vitesse. Chaque exercice devra être fait non seulement avec la préoccupation d'éviter toute déformation, mais encore avec le souci constant d'augmenter la vitesse, en produisant sans cesse un effort soutenu et énergique ; l'effort énergique étant la condition même du progrès.

Avantages intrinsèques de la méthode. — Un des grands soucis des pédagogues modernes est de rendre dans toute branche de l'éducation, le travail sinon agréable, du moins intéressant. Le maître qui se contente de prêcher l'effort, le travail personnel, risque fort de prêcher dans le désert. Dans cet ordre d'idées le plus beau sermon du monde ne vaut pas comme efficacité le plus petit moyen réussissant à rendre attrayant un travail qui paraissait fastidieux.

Avec le procédé de la copie de textes toujours nouveaux, il est impossible d'éviter des périodes de découragement. Dès que les règles sont connues et que l'enthousiasme premier de la nouveauté est épuisé, le travail paraît monotone. Le progrès qui se fait par bonds successifs suivant des périodes de retard ou même de recul, ne se manifeste nullement pendant des périodes très longues d'efforts persévérants. Alors l'intérêt disparaît et l'exercice fait en corvée devient presque inefficace tandis qu'au contraire, lorsque la réussite a manifestement suivi l'effort, le plaisir du succès fait que l'on redouble de courage.

A ce point de vue, le procédé des gammes offre deux grands avantages. D'abord il met l'élève immédiatement dans la pratique. Rien n'intéresse davantage que l'action et surtout l'action heureuse. Or, agir, dans la matière qui nous occupe, c'est sténographier et, avec notre méthode, on sténographie réellement dès les premiers exercices. L'homme aime naturellement ce qui est nouveau, il aime aussi à montrer ce dont il est capable ; puis il a tant de joie lorsqu'après s'être donné tant de peine, il a conscience d'avoir vaincu la difficulté.

Le second avantage de la méthode des gammes sera de mettre l'élève toujours à même de constater d'une façon tangible ses progrès. En sténographie, nous avons la bonne fortune de pouvoir chiffrer le progrès, qui s'exprime par le nombre de mots écrits à la minute. Voici comment nous pourrons pratiquement mettre à profit cette heureuse particularité.

Application pratique de la méthode des gammes. — Dès que toutes les règles du système ont été vues, le maître indique un texte comprenant environ 150 mots ; il l'écrit au tableau en signes sténographiques afin que les élèves aient sous les yeux un tracé absolument correct et qu'ils ne soient pas exposés à contracter de mauvaises habitudes en s'exerçant sur des tracés fautifs. Rentrés chez eux, les élèves devront répéter cette gamme, en copiant toujours sur le texte typographique ; ils la répéteront autant de fois qu'il sera nécessaire (40, 50, 60 fois) pour se mettre à même de suivre correctement une dictée de ce texte à la vitesse de 50 mots par minute. Ce résultat obtenu, on procède de la même façon pour une deuxième gamme. Les élèves constateront tout de suite que, pour cette nouvelle gamme, le nombre de répétitions nécessaires pour atteindre la vitesse de 50 mots, sera moindre ; ce nombre diminuera encore à la troisième, à la quatrième, à la cinquième gamme et il arrivera un moment où quelques répétitions, cinq ou six, suffiront.

On passera alors à la série des gammes à la vitesse de 60 mots par minute, en appliquant le même procédé que pour la série précédente, et l'on s'élèvera ainsi graduellement.

Les graphiques. — Afin de rendre visible la marche des progrès, nous ne saurions trop conseiller soit aux professeurs, soit aux élèves, de tenir une comptabilité précise de ces diverses opérations, au moyen de graphiques établis d'une façon uniforme suivant les modèles ci-après.

Un premier tableau montrera la courbe des progrès réalisés pour chaque série de gammes. Dans ce tableau, la ligne ascensionnelle indique suivant quelle progression diminue le nombre des répétitions nécessaires pour atteindre, dans chaque gamme, la vitesse de 50 mots par minute. Chaque série de gammes, à 50 mots, à 60, à 70, à 80 mots, etc..., comportera l'établissement d'un tableau de ce modèle.

Nom et adresse de l'élève.....

Age......

Professeur......

A commencé l'étude de la Sténographie le......

A commencé la série des gammes à.... mots le......

GRAPHIQUE DES GAMMES A.... MOTS

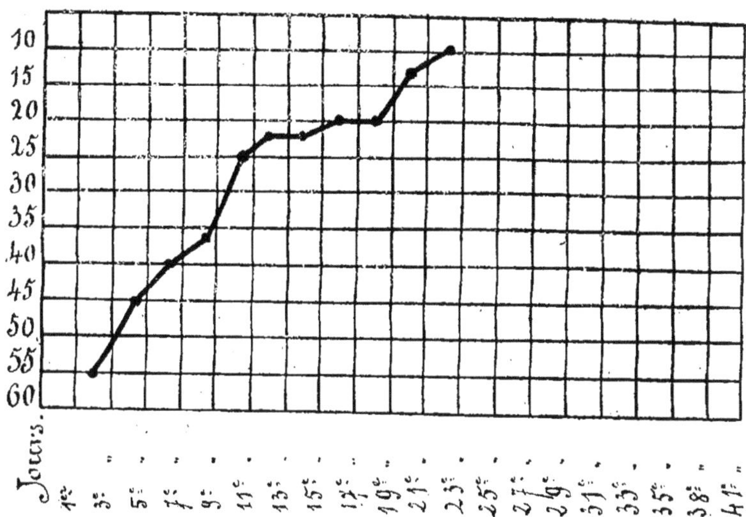

Un tableau, du modèle suivant, résumera les précédents ; il montrera
la courbe des passages successifs d'une série à l'autre :

GRAPHIQUE GÉNÉRAL DES GAMMES :

Noms et adresse....

Age....

Professeur....

A commencé les exercices le....

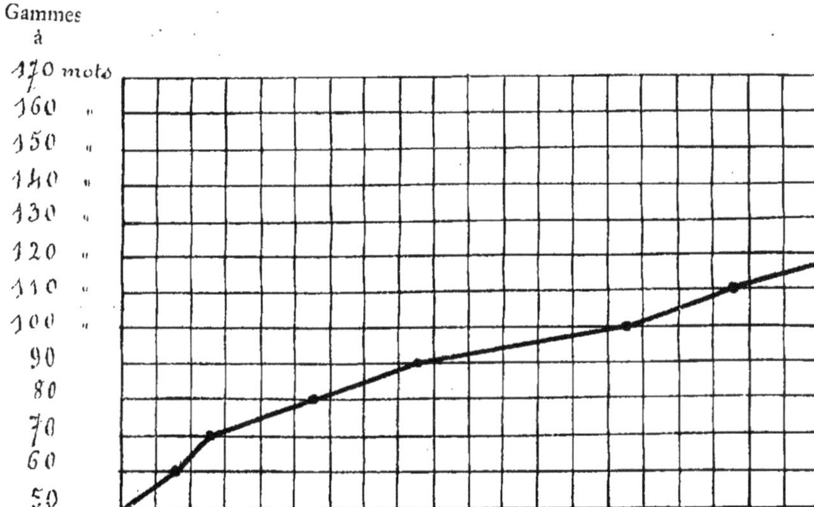

En même temps que l'on procédera à ces exercices, il sera utile de faire de temps en temps, par exemple une fois par mois, une dictée sur un texte inconnu. Ces épreuves dont il faut se garder d'abuser, parce qu'elles constituent des exercices infiniment moins efficaces que ceux des gammes, serviront de moyen de contrôle ; elles indiqueront l'étiage du progrès de l'élève ; elles l'encourageront en lui montrant combien les efforts qu'il a faits par ailleurs lui ont été profitables.

Un tableau du modèle ci-après indiquera la courbe de ces progrès :

GRAPHIQUE DES RÉSULTATS CONSTATÉS PAR DES DICTÉES SUR DES TEXTES NOUVEAUX

Les exercices ont commencé le....

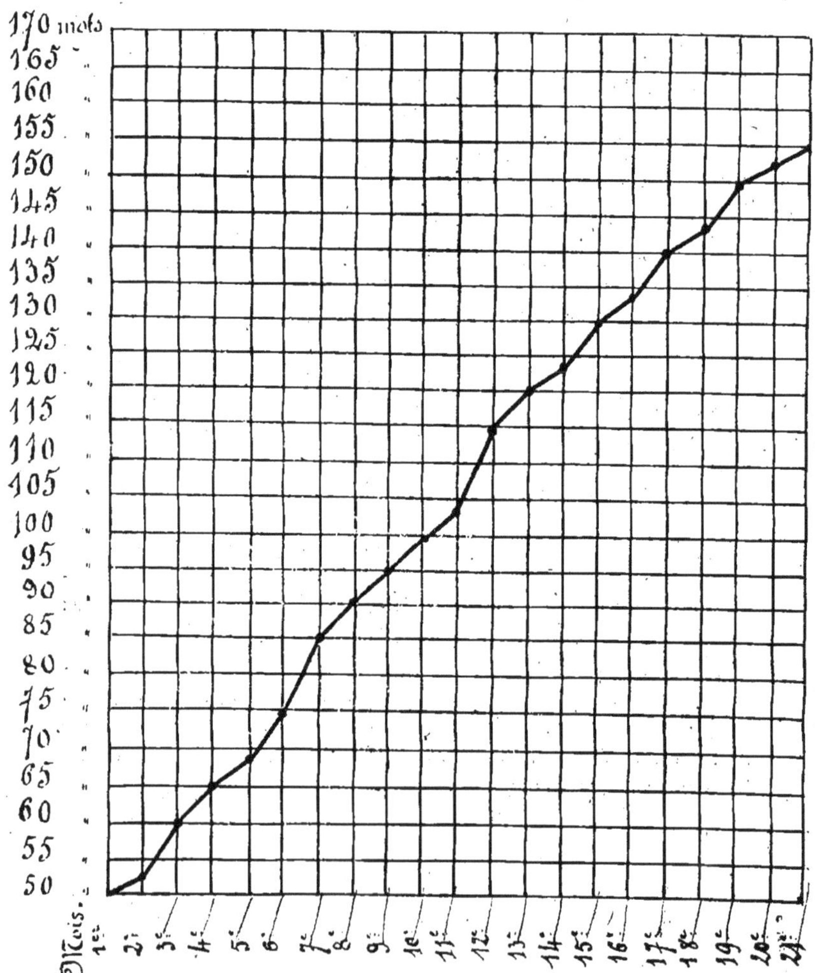

Grâce à ces tableaux, l'élève verra, sous une forme frappant les sens, la marche de ses progrès ; il sera mis à même, à chaque instant, de se rendre compte de la route parcourue et de celle qui lui reste encore à parcourir. A cette vue, il éprouvera une joie semblable à celle du touriste qui, gravissant une montagne, voit le sommet s'approcher d'instant en instant. De plus, on trouvera là un moyen, dans les classes, d'exciter entre les élèves une émulation salutaire par la comparaison de leurs courbes respectives.

Nous avons, en effet, tous besoin d'être stimulés et poussés à l'action par des mobiles quelquefois étrangers au but que nous nous proposons dans notre travail ; notre élan a besoin d'être soutenu par de puissants sentiments sociaux. L'intérêt éloigné que présente l'acquisition de la vitesse professionnelle au bout de nombreux mois ou de plusieurs années de travail, sera, dans bien des cas, insuffisant. La route à parcourir paraît si longue que beaucoup de ceux qui s'y engagent, s'ils sont abandonnés à leur énergie propre, ne tardent pas à s'asseoir découragés. On a des chances de vaincre cette lassitude, si on sait diviser la distance en se donnant des buts partiels bien déterminés qui conduiront d'étape en étape au but final du voyage entrepris.

L'intérêt individuel ne sera pas le seul avantage de l'établissement de ces graphiques ; nous y trouverons encore un intérêt général qui n'est pas à dédaigner. Toutes ces courbes centralisées et comparées, nous donneront des renseignements précis sur la durée de l'apprentissage de notre art, au sujet de laquelle les auteurs les plus autorisés n'ont fourni jusqu'à maintenant que des données très vagues établies sur des assertions contradictoires. Nous établirons des moyennes basées sur de véritables documents et nous pourrons dire à celui qui entreprend l'étude de la sténographie : pour atteindre la vitesse de 100 mots, de 150 mots par minute, il faut, en moyenne, tant de mois, tant d'années,

La méthode des gammes, telle que nous l'exposons ici, fruit de longues années d'études et de réflexion, ne se justifie pas seulement par les considérations théoriques succinctement développées au cours de cet exposé ; elle a encore été consacrée par des expériences déjà assez nombreuses et décisives qui ont été faites par plusieurs professeurs et un assez grand nombre d'élèves, qui tous ont déclaré en avoir retiré le plus grand profit.

La pratique a démontré qu'avec le minimum d'efforts elle donne le maximum de résultats. C'est pourquoi nous la présentons avec confiance à tous nos collègues et au public.

LES GAMMES STÉNOGRAPHIQUES

AVERTISSEMENT

La Méthode des Gammes est applicable à tous les systèmes de Sténographie.

Les textes, faisant l'objet des exercices qui suivent, sont des extraits de discours et d'articles portant sur les sujets les plus variés : commerce, industrie, économie politique, sciences commerciales et industrielles, finance, etc…, de telle sorte qu'ils comprennent à peu près toutes les expressions et locutions habituellement employés aussi bien par un industriel ou par un commerçant dictant sa correspondance à un sténographe, que par un orateur parlementaire ou judiciaire.

Chaque texte, décompté syllabiquement (sur la base de 180 syllabes = 100 mots) est calculé de façon à fournir une dictée de trois minutes. Les coupures indiquent les demi-minutes pour les séries de 50 à 90 mots, les quarts de minute pour les séries à 100 mots et au-dessus.

PREMIÈRE SÉRIE

Gammes à 50 mots.

(Les coupures indiquent les 1/2 minutes)

Nombre des répétitions :

> *1re et 2e gammes, 30 répétitions*
> *3e et 4e — 20 —*
> *5e et 6e — 15 —*

I

L'INVENTION DE LA BOUSSOLE.

L'établissement de la monarchie absolue coïncide avec un grand mouvement de découvertes géographiques. Les anciens ne connaissaient qu'une partie

de l'Asie, de l'Afrique et de l'Europe ; au Moyen-Age on connut l'Europe entière, et on connut mieux certaines parties de l'Asie et de l'Afrique

grâce aux croisades et au développement plus grand du commerce. Dès le début des temps modernes, on allait connaître un nouveau monde, l'Amérique.

Diverses circonstances ont favorisé ces découvertes, et notamment la boussole. Ce fut vers le commencement du Treizième siècle qu'eût lieu cette invention,

et dès lors, les grands voyages sur mer purent être entrepris, car en s'aidant de la boussole et de la position des étoiles, on n'avait plus à craindre

de s'égarer et de ne point retrouver sa route. Le désir de trouver une route plus courte pour aller aux Indes fut le premier motif des voyages des Portugais.

II

L'AGRICULTURE AU JAPON.

Le Japon a toujours été, est encore un pays d'agriculture. Plus de la moitié de la population, aujourd'hui encore, vit dans la campagne
et du produit des champs. La campagne japonaise est vraiment merveilleuse. Je suppose que vous y soyez passés il y a quarante ans et que vous y
reveniez aujourd'hui. Au premier coup d'œil, vous ne distingueriez pas grand changement. C'est toujours la même culture, culture à la fois rudimentaire et
raffinée, raffinée en ce sens que c'est une culture intensive, en ce sens qu'il n'y a pas un coin de terre cultivable qui soit laissé en friche (le Japonais
aime sa terre jusqu'à l'adoration) rudimentaire aussi parce qu'elle est toujours toute manuelle et que les outils dont disposent les Japonais
sont encore tout à fait primitifs. Ils n'ont guère de charrues, au moins de charrues dignes de ce nom. Presque tout le Japon est encore cultivé à la bêche.

III

LE RÔLE CIVIQUE DE L'ÉCOLE.

Comprenez, mes enfants, l'importance de ce que l'on nomme le rôle civique de l'école. Comprenez qu'en y étudiant l'histoire, la géographie, la langue
de votre pays, vous vous préparez à devenir de bons citoyens, animés d'un patriotisme d'autant plus solide qu'il sera éclairé. Pour vous surtout,
écoliers français, apprendre à connaître notre patrie, c'est apprendre à l'aimer ; car nulle terre n'est plus riche et plus belle ; nul pays ne possède
un plus glorieux passé. Merveilleusement situé entre deux mers sous un climat tempéré, la France produit au midi, l'olivier, le citronnier, l'oranger ;
au nord, le mélèze et le sapin, ces deux extrémités de la chaîne botanique ; du haut de ses coteaux chargés de vignes, des fleuves de vin coulent éternellement
dans la coupe de tous les peuples ; tandis que, sur ses larges flancs, les moissons ondoient comme les flots de la mer sous le vent qui les courbe, sous le ciel qui les mûrit.

IV

LES MARAÎCHERS PARISIENS.

On pourrait croire que le département de la Seine, qui fourmille de maisons, d'usines, de parcs, est presque sans agriculture. Il n'en est rien. Si l'étendue

cultivable est médiocre, les agriculteurs parisiens arrivent, à force d'ingéniosité, à tirer de leur sol une masse très importante de

produits. L'ingéniosité et le travail sont pour eux une nécessité. Le terrain coûte si cher que, à moins d'avantages exceptionnels, nulle récolte

unique dans l'année ne peut suffire au travailleur ; il lui en faut en moyenne cinq ou six. Jamais la terre ne chôme. Les maraîchers de Paris et des

environs cultivent près de 1.400 hectares, divisés en 1.800 jardins, et ces petits enclos, que leurs possesseurs travaillent avec un acharnement presque

sans exemple, fournissent constamment les marchés de Paris de légumes et de fruits de toute espèce, et cela, peut-on dire, en abondance.

V

L'AVIATION.

Nous pouvons donc dire avec raison qu'en aviation, le rêve séculaire de l'homme entre dans la réalité. Mais il ne faut pas oublier que cette réalité

n'a été obtenue qu'au prix des efforts les plus considérables et des sacrifices les plus grands et les plus sensibles. « Les larmes et le sang, a-t-on dit, sont

la rançon de tout progrès ». Plus que tout autre, la navigation aérienne a été exigeante ; elle a donné dans ces derniers temps, un pourcentage de

victimes inconnu partout ailleurs. Nous saluons les martyrs de la science nouvelle. Leur mort cependant n'a fait que stimuler le zèle de cette pléiade

de savants qui donnent le meilleur d'eux-mêmes à cette science nouvelle, et de vaillants qui risquent chaque jour leur vie pour vaincre les éléments contraires. Une preuve

saisissante nous en est donnée par un aviateur hardi qui, tout dernièrement, dans un vol mémorable, s'est élevé à une hauteur de plus de 2.000 mètres.

VI

EXODE DES HABITANTS DES CAMPAGNES
VERS LES VILLES.

S'il est, en effet, un problème intéressant entre tous, à l'heure actuelle, c'est le départ des habitants des campagnes vers les villes ? Les causes en sont multiples. Elles tiennent en grande partie au service militaire, qui amène les jeunes gens dans les villes, d'où ils ont de la peine à s'arracher

ensuite et vers lesquelles ils tendent toujours à revenir. S'il y a une préoccupation qui, à l'heure actuelle, soit, par voie de conséquence, dans l'esprit de tous en France, et même en Europe, c'est celle d'assurer à l'homme un coin de terre, une maison, un foyer. C'est un goût qu'il faut, messieurs,

n'est-il pas vrai ? développer à tout prix. Quand on parcourt la campagne, on est frappé de voir le plaisir que les ouvriers de l'usine et de l'industrie

éprouvent à se trouver dans leur petit jardin. Aucun, à ce moment-là, ne pense au cabaret et au club. Il faut augmenter le nombre de ces petites propriétés.

DEUXIÈME SÉRIE

Gammes à 60 Mots

Nombre de répétitions :

1ᵉ et 2ᵉ gamme, 30 répétitions
3ᵉ et 4ᵉ — 25 —
5ᵉ et 6ᵉ — 20 —
7ᵉ et 8ᵉ — 15 —

1

LE MOUVEMENT DE LA PRODUCTION INDUSTRIELLE EN EUROPE.

Le mouvement de la production industrielle, après avoir pris naissance dans le nord-ouest de l'Europe, s'étend vers l'est et le sud-est, couvrant un cercle beaucoup plus vaste. Et, à mesure

qu'il gagne vers l'est et pénètre dans les pays plus jeunes, il y introduit tous les perfectionnements dus à un siècle d'inventions mécaniques et chimiques ; il emprunte à la science

tous les secours qu'elle peut apporter à l'industrie, et il trouve des populations avides de s'approprier les derniers résultats des recherches modernes. Les nouvelles usines d'Allemagne

commencent au point où l'Angleterre était arrivée après un siècle d'expériences et de tâtonnements et la Russie part du point atteint aujourd'hui par l'Angleterre, la Belgique, la

Saxe. A son tour elle s'émancipe de l'Europe occidentale, et rapidement elle se met à fabriquer tous les articles qu'elle importait autrefois. L'Autriche, la Bohême, la Hongrie,

la Suisse, l'Italie suivent la même voie : elles développent leurs industries nationales et l'Espagne et la Serbie même vont bientôt rejoindre les nations industrielles.

II

L'Enseignement en Chine.

Autrefois, l'enseignement n'était donné, en Chine, qu'à l'école de famille. Une famille ou un groupe de familles choisissait un précepteur et le payait pour qu'il apprît aux enfants la

lecture et l'écriture et les préparât au premier examen de mandarinat. Naturellement, les familles riches ou aisées pouvaient seules s'offrir le luxe d'un précepteur. Aussi

l'instruction était-elle, en Chine, le privilège de quelques rares élus. La masse du peuple est encore illettrée. Depuis quelques années, il existe des écoles, dont le Gouvernement

paie les frais. Chaque village a une école primaire, où l'on apprend la lecture, l'écriture et le calcul ; dans les préfectures, on trouve des écoles primaires supérieures

et secondaires, où se donne une instruction un peu plus sérieuse, et où l'on entre par voie de concours ; enfin, dans les chefs-lieux de province, il existe des écoles supérieures.

Ces diverses écoles délivrent des diplômes qui permettent d'obtenir des emplois civils et qui remplacent les certificats de mandarinat. Toutes les écoles sont gratuites.

III

Les travaux de Berthelot sur les explosifs.

Les travaux de Berthelot sur les explosifs se rattachent naturellement à ses idées sur la thermochimie. A la suite de nos désastres, la France avait besoin du dévouement de tous

ses enfants ; aucun ne songeait alors à le lui marchander, et Berthelot mit au service de la patrie toutes les ressources de son génie. On avait commencé à produire des engins d'une formidable puissance, mais dont les effets paraissaient capricieux et mystérieux. Hélas ! tous les mystères ne sont pas encore éclaircis et de temps en temps quelque catastrophe vient nous

en avertir. Cependant les lois générales sont trouvées et elles permettent un emploi rationnel des explosifs ; elles ne l'étaient pas il y a trente ans, et, si elles le sont aujourd'hui, c'est

grâce à M. Berthelot. Qu'est-ce que l'onde explosive ? De quoi dépend sa vitesse de propagation ? Il n'est pas nécessaire d'insister pour faire comprendre combien ces problèmes étaient difficiles

et combien ils étaient importants. Ces phénomènes sont malaisés à saisir parce qu'ils sont très rapides et parce qu'ils brisent tout sur leur passage ; il faut des instruments assez délicats pour les fixer.

Henri Poincaré.

IV

Les Routes de l'air.

La France n'est désormais pas trop grande pour servir de champ d'expérience à nos aviateurs. Il convient d'y préparer dès à présent, de distance en distance, des places où ils pourront

atterrir sans danger et d'où ils pourront aussi reprendre facilement leur vol. Ces stations, placées sur les routes de navigation aérienne, devront être munies des objets indispensables

aux réparations et au ravitaillement. Ce seront les premiers jalons des grandes routes de l'air, dont quelques esprits éternellement sceptiques peuvent douter comme d'autres avant eux ont douté

de l'avenir de la vapeur et de toutes les découvertes qui bouleversent et transforment les conditions habituelles de la vie. Ces routes de demain ne sont déjà plus problématiques.

Ne parle-t-on pas déjà de l'établissement de postes aériens dans le Sud algérien ? Les ministres des travaux publics et des affaires étrangères n'ont-ils pas, aussi, de leur côté,

chargé une commission d'étudier différentes questions se rattachant à la navigation aérienne et intéressant particulièrement sa législation future ?

V

L'INFLUENCE ALLEMANDE AU BRÉSIL.

Le Brésil offre un vaste champ d'action à l'activité germanique. Industriels et commerçants y sont venus en grand nombre, fondant dans toutes les villes de quelque importance des colonies

très prospères. Rien de ce qui rappelle le pays n'y est négligé : on crée des associations patriotiques, on célèbre les fêtes nationales et familiales. Deux cents écoles,

soutenues par l'argent allemand, sont répandues sur le territoire brésilien. Tout, même l'air qu'on y respire, est essentiellement allemand. C'est dire que les enfants des colons garderont

vivant, comme leurs pères, le culte de l'Allemagne. Depuis l'élection du maréchal de Fonseca à la présidence de la République, le Brésil est en coquetterie réglée avec

l'Allemagne. On a bien démenti, à différentes reprises, tant à Rio de Janeiro qu'à Berlin, l'envoi d'une mission militaire au Brésil; mais, en dépit des assurances les plus

formelles, on peut considérer l'arrivée d'instructeurs allemands comme imminente. C'est un nouveau gain pour l'influence germanique. Et celle-ci ne cache plus ses visées ambitieuses.

VI

LES JARDINS DES ENVIRONS DE PARIS.

Pour le jardinier parisien il n'est pas de mauvaise terre : par des amendements et par des engrais appropriés, par l'arrosage à divers degrés, par l'alternance raisonnée des

cultures, le terrain, quel qu'il soit naturellement, est toujours amené ou maintenu à l'état de production forcée. Quand on approche de Paris et qu'on traverse l'étroite zône des jardins

extérieurs, avec leurs plate-bandes, leurs sentiers, leurs maisonnettes, le tout si petit, mais en même temps si bien entretenu, on est étonné d'apprendre que ce faible espace contribue

pour une part très importante à l'alimentation de l'immense capitale voisine. Le commerce du département de la Seine est nécessairement considérable, car il doit subvenir à l'alimentation d'une population énorme, à ses besoins divers, aux exigences de ses nombreuses industries. Ce commerce est, du reste, favorisé par le

réseau si complet des voies navigables et ferrées qui entourent Paris de tous côtés. Paris est le premier port de commerce de la France entière ; il vient même avant le port de Marseille.

VII

LES PROGRÈS DE L'AMÉRIQUE DU SUD.

Nous devons suivre avec attention ces États espagnols ou portugais de tradition, latins de culture qui, tels le Brésil, l'Argentine, le Chili, sont appelés à jouer prochainement,

dans la politique du monde, le rôle le plus important. Nous devons donc de ce côté, suivre les événements avec attention et voir dans quelle mesure nous pourrons nous en servir

et profiter des éléments de discorde ou tout au moins de contradiction qui existent entre le nord et le sud de l'Amérique. A côté de cet intérêt politique, nous avons un

intérêt moral à suivre le développement économique du Brésil. Car si, dans les États-Unis du Brésil, l'Angleterre joue présentement le principal rôle au point de vue

économique et au point de vue financier, c'est encore la France et c'est encore Paris qui y joue un rôle prépondérant au point de vue artistique et en quelque sorte au point de vue

civilisateur. A l'heure présente, le français est parlé par la bonne société du Brésil ; il est la langue obligatoire pour le baccalauréat, tandis que l'allemand est facultatif.

VIII

LA SCIENCE.

Mes amis, vous entendrez souvent parler de la science. Je vous préviens que ceux qui en parlent le plus volontiers et avec le plus d'assurance sont des ignorants, qui, entre autres choses,

ignorent ce qu'elle est. La grande vertu de la science est d'être une chercheuse perpétuelle. Il arrive qu'elle se trompe dans ses recherches, même gravement. Mais une autre de

ses vertus est de trouver elle-même les erreurs qu'elle a commises et de renoncer à des illusions qui l'avaient un moment enchantée. Après quoi, elle se remet à chercher. L'objet de

sa recherche, ce sont des faits. Sur les faits qu'elle a découverts, les hommes raisonnent. Ils raisonnent, par exemple, sur les faits de l'histoire de la Terre et de l'Homme que des savants ont révélés

pendant les deux derniers siècles. Ils discutent, devant ces grandes nouveautés, leurs anciennes croyances, et se décident à les rejeter ou bien à les garder. Mais la science ne met pas

un Credo en opposition avec un autre Credo. Elle continue à chercher. Jusqu'où elle ira, personne ne le sait. Sa grandeur, sa beauté, son humanité est dans cette incertitude même.

Ernest LAVISSE.

TROISIÈME SÉRIE

Gammes à 70 mots.

Nombre des répétitions :

1re et 2e gamme, 30 répétitions
3e, 4e et 5e —   25   —
6e, 7e et 8e —   20   —
9e et 10e,   —   15   —

]

Au temps de la féodalité, les ouvriers avaient besoin d'être protégés contre les violences de toutes sortes auxquelles ils étaient exposés. C'est pour cela que les ouvriers qui faisaient le même métier dans

une même ville se réunissaient pour former une *corporation*. Il y avait, par exemple, la corporation des bouchers, celle des charcutiers, celle des cordonniers, etc. Les membres d'une même corporation

se soutenaient les uns les autres. Chaque corporation avait sa bannière, sur laquelle était représenté le saint qu'elle avait choisi pour patron. Elle avait des fêtes, auxquelles tous prenaient part. Les riches soutenaient

les pauvres et les secouraient dans leurs maladies. Si quelqu'un de la corporation venait à mourir, on l'accompagnait à sa dernière demeure, où il était porté sur les épaules de ses camarades. Si quelqu'un se

mariait, tout le monde était de la noce. Enfin, la corporation avait un conseil qu'elle chargeait de défendre ses intérêts. Les corporations avaient donc de grands avantages dans ce temps-là ; mais elles avaient aussi de grands inconvénients. Il n'y avait, dans chaque corporation, qu'un certain nombre de maîtres ou de patrons, et cela faisait qu'un ouvrier ne pouvait devenir patron, quand même il aurait été en état de le devenir.

II

INCONVÉNIENTS DE L'ALIMENTATION CARNÉE.

Une des preuves que le goût de la viande n'est pas naturel à l'homme, dit Rousseau dans l'Émile, « est l'indifférence que les enfants ont pour ce mets là, et la préférence qu'ils donnent tous à des nourritures végétales,
telles que le laitage, la pâtisserie, les fruits ». Manger la chair des animaux, est-ce nécessaire à l'homme ? Sommes-nous nés carnivores ? Non, répond la science moderne : nous n'avons des carnassiers, ni la denture, ni
les glandes éliminatoires qui leur permettent de se nourrir du corps de leurs victimes. Et la preuve en est aussi que nous ne pouvons guère manger de viande crue, quelle qu'elle soit ; que nous prenons la précaution de la
faire cuire, de l'épicer, d'en masquer le goût fade et écœurant, donc de « l'adapter » — ce mot est à la mode aujourd'hui — à un organisme qui n'est pas fait pour elle. L'alimentation carnée — lorsqu'on l'exagère — nous
empoisonne. D'elle proviennent les maladies du foie, les entérites, l'albuminurie, etc... Enfin, la viande ne donne pas de force. Les gens les plus robustes, les plus durs au travail sont précisément ceux qui se contentent
d'une nourriture végétarienne. Voyez les Hindous, les Russes, et, chez nous, les paysans. Nous ne prétendons pas pour cela qu'il faille absolument proscrire l'usage de la viande, mais il faut en user modérément.

III

LES PATRONS RAMONEURS DE LEIPZIG.

...Les patrons ramoneurs de Leipzig forment depuis des siècles une corporation puissante, dont le nombre des ouvriers est limité à 46. Leurs apprentis et ouvriers, invariablement affublés de l'accoutrement
classique : vêtement noir et chapeau haut de forme sans reflet, martèlent de leurs gros souliers l'asphalte rigide des rues, le balai sous le bras, et le paquet de cordes sur l'épaule, en aussi grand nombre que l'exigent les

besoins de la clientèle. Et ne croyez pas que ces patrons soient des prolétaires miséreux empêchés par le malheur des temps d'exercer une profession plus... propre ! Ces messieurs gagnent de 10 à 25 mille francs
par an

et ils en ont parfaitement conscience, à notre époque où la considération se mesure à l'épaisseur du porte-monnaie ! Sur cette somme, ils
doivent, il est vrai, payer les ouvriers, mais ils réalisent, malgré

tout, de gros bénéfices Tous les patrons font partie obligatoirement de
la corporation et veillent à ce que le nombre de membres reste stationnaire. Quand l'un d'entre eux vient à mourir, des compétiteurs acharnés

se disputent la place vacante. Les recommandations et les pots-de-vin
sont insuffisants pour obtenir une situation aussi convoitée : le moyen
le plus rapide et aussi le plus sûr est d'épouser la veuve !

IV

LE PORT D'ANVERS.

Anvers fut importante dès la fin du Moyen-Age et au commencement
des temps modernes, lorsque, choisie à la fois par la Ligue hanséatique
comme entrepôt et par le Portugal comme succursale, elle éclipsa

Venise et fit plus d'affaires en deux mois que la reine de l'Adriatique
n'en faisait en deux ans. Ruinée par la tyrannie imbécile de Philippe II,
la ville n'eût que de rares moments de prospérité jusqu'à nos jours.

En 1863, un évènement longtemps attendu, longuement et patiemment
espéré, ouvrit l'ère de sa fortune : ce fut l'abolition ou plutôt le rachat du
péage hollandais de l'Escaut. Anvers est,

comme Hambourg et Londres, un port fluvial. Située à 88 kilomètres
de la mer, elle est parfaitement accessible aux navires modernes et, l'an
dernier, par exemple, il y est entré 6.500 de

ces navires jaugeant au total 12 millions de tonneaux On compte
à Anvers onze mille hectares de bassins éclusés, six kilomètres de quais,
une multitude de canaux et de voies ferrées qui s'y coupent, s'y entre-
croisent

en tous sens. Vestibule de toute la Belgique et aussi d'une grande
partie de l'Allemagne et de la France du nord, elle reçoit le caoutchouc
et l'ivoire du Congo, les laines, peaux et cuirs de la Plata..

V

LES THÉORIES DE BERTHELOT SUR LA THERMOCHIMIE.

La thermochimie a occupé Berthelot pendant de longues années Toute réaction dégage ou absorbe de la chaleur, et il importe de connaître la quantité de chaleur produite, puisque, plus elle sera grande,

plus la réaction sera facile. Les théories de Berthelot sur ce point ont été fort critiquées ; quelle est la théorie qui ne l'a pas été ou qui ne le sera pas, et même qui ne le sera pas à juste titre ?

Nous ne devons donc pas nous étonner que les théories thermochimiques aient évolué et qu'elles n'aient pu conserver leur forme primitive. L'essentiel c'est qu'elles aient vécu, qu'elles aient fait prévoir certains faits et même que,

par les travaux qu'elles ont suscités, elles aient fait découvrir d'autres faits qu'elles n'avaient pas prévus. Le rôle des théories, ce n'est pas d'être vraies, c'est d'être utiles. Et ici que de résultats, combien de données numériques

accumulées, quelles élégantes méthodes expérimentales, que de faits nouveaux, et, ce qui n'est pas à dédaigner, ces faits ne sont pas isolés. Grâce à la théorie de Berthelot, ils sont ordonnés, au lieu de former

un immense chaos. De sorte que, quand, par la suite, elle devra faire place à une théorie plus largement compréhensive, ils trouveront tout naturellement dans ces cadres nouveaux la case qui leur convient.

Henri POINCARÉ.

VI

LES ÉCOLES MÉNAGÈRES.

Dans les écoles ménagères, vous enseignerez aux jeunes filles la tenue d'une maison, les règles de l'hygiène de l'habitation, de l'hygiène alimentaire, de l'hygiène corporelle, en un mot toutes

les notions d'économie domestique indispensables, surtout aux femmes de la campagne. Je voudrais que les jeunes filles apprennent à tirer un meilleur parti des substances alimentaires qu'elles ont généralement en abondance entre leurs mains et dont elles ne savent pas tirer profit. Je ne parle que de ce que j'ai eu l'occasion de voir et d'étudier longuement et minutieusement. Le paysan est souvent mal nourri parce que

la fermière ignore trop souvent les principes culinaires les plus élémentaires. L'autre jour j'insistais sur ce fait que la tuberculose fait des progrès incessants dans les campagnes, et mes collègues étaient

entièrement de mon avis. Nous nous demandions quelles en étaient les causes. J'émettais l'opinion qu'en dehors des causes secondaires, comme le service militaire, par exemple, deux causes primordiales expliquent

ce phénomène : le surmenage dû à l'insuffisance de bras, et la mauvaise alimentation, due le plus souvent à l'ignorance de la fermière. Les écoles ménagères remédieront à ce grave défaut.

VII

LE RENDEMENT DU TRAVAIL.

Depuis un siècle le rendement du travail n'a cessé de s'accroître dans les pays de grande civilisation. Mais cet accroissement n'est pas dû à la main-d'œuvre ; il est dû aux machines. L'ouvrier, sauf quelques exceptions,

travaille de moins en moins. Il travaille d'abord pendant moins d'heures, il travaille ensuite moins par heure, quoique son salaire quotidien ait sensiblement augmenté par rapport au coût de la vie. Il jouit d'un plus grand

bien-être ; il suffit de comparer la consommation moyenne en 1840 et en 1911, pour n'avoir à ce sujet aucun doute. Un vice terrible contrebalance ces avantages : l'alcoolisme

ravage les populations ouvrières. Je ne puis séparer le souvenir des braves ouvriers que j'ai fréquentés d'une odeur de vin et de spiritueux. L'alcoolisme annihile souvent à lui seul tous les bons effets

de l'amélioration sociale. Il semble certain que le rendement du travail augmentera encore du côté des machines et diminuera du côté manuel. D'ailleurs, il reste beaucoup de parias des deux sexes qui

s'exténuent pour un salaire dérisoire et dont la délivrance importe au point de vue de la justice et au point de vue de la race. Réserve faite pour l'alcoolisme, cette évolution est bienfaisante.

VIII

L'INDUSTRIE LYONNAISE.

Le fabricant lyonnais crée, à chaque saison nouvelle, des articles nouveaux. Il désire naturellement les vendre dans le monde entier, si c'est possible. Il s'adresse pour cela aux grands intermédiaires nationaux

de Paris ; il leur apporte ses échantillons à chaque saison nouvelle. Chacun de ces échantillons a donné lieu pour lui à des frais de création considérables, frais d'invention, de dessin, de montage

de métiers, etc... Il apporte ainsi, à chaque saison nouvelle, douze ou quinze échantillons aux grands commissionnaires internationaux. Ceux-ci, grâce à leurs relations avec la bonne faiseuse et les

grands couturiers, choisissent immédiatement les deux ou trois échantillons qui sont de nature à séduire la mode. Avant de s'engager avec le fabricant lyonnais pour la totalité de leurs besoins, et sous

prétexte de s'assurer qu'ils ne se trompent pas, que la mode les adoptera, ils donnent à l'inventeur lyonnais une petite commission d'essai ; ils lui commandent cinq ou dix pièces, puis, aussitôt qu'ils ont ces

échantillons, en l'absence de toute protection, leur intérêt leur indique la conduite qu'ils ont à tenir : ils soumettent ces échantillons aux fabricants étrangers et leur demandent à quel prix ils pourraient les faire.

IX

L'AÉROPLANE

Les aéroplanes qui ne semblaient être, il n'y a pas encore longtemps, qu'un instrument de curiosité, les grands joujoux d'un sport nouveau et d'une utilité pratique fort contestable, se sont imposés à l'attention

réfléchie du public et des savants. On commence à comprendre que ces objets de dimension et de formes qui ne sont, sans doute, pas définitives, sont destinés à jouer un rôle important dans les rapports

économiques des peuples, aussi bien que dans leurs conflits éventuels. Entre les mains et sous la direction de vaillants pilotes, ils ne sont pas seulement capables de susciter l'admiration de la foule qui envahit les aérodromes, mais, réalisant des désirs légendaires, ils paraissent bien être l'expression la plus inattendue du progrès humain. Ainsi que les dirigeables, qui peuvent devenir un des éléments importants de la

défense nationale et de la locomotion de demain, ils sont appelés à modifier dans une certaine mesure les habitudes aussi bien que les lois qui régissent nos relations extérieures. Aucun

progrès n'a présenté une histoire plus prodigieuse ; je ne parlerai que des aéroplanes, la question des dirigeables viendra à sa place au moment de la discussion du budget de la guerre.

X

L'empire colonial de la France.

La constitution de l'empire colonial français a comporté trois périodes : la période de conquête — elle est définitivement close —, la période de pénétration — elle touche à sa fin — et la période d'organisation. Je crois pouvoir dire que, si l'organisation n'est pas terminée partout, elle est, en tout cas, en voie de bon et prochain achèvement. Sans doute les organes actuels ne sont pas définitifs, ils sont destinés à se modifier

afin de suivre harmoniquement l'évolution et le progrès continuels de nos colonies ; mais nous disposons aujourd'hui d'un organisme administratif complet, et d'un personnel expérimenté qui s'est formé au cours

des périodes précédentes. J'ai fait ainsi, en quelques mots, passer sous les yeux du Sénat l'inventaire de notre situation, les sacrifices qui ont été consentis ; j'ai fait ressortir également l'espoir que nous avons le droit de

fonder sur l'avenir de nos colonies. Le Gouvernement, je le dis très nettement, a la volonté de poursuivre, avec la maturité que lui donne l'expérience acquise, l'accomplissement de l'œuvre économique

qui lui est confiée ; dans cette tâche, pour laquelle il fait appel au concours et à l'aide des fonctionnaires et des colons, il s'inspirera, envers les indigènes, des principes d'humanité qui sont la tradition et l'honneur de la France.

QUATRIÈME SÉRIE

Gammes à 80 mots

Nombre des répétitions :

1e, 2e et 3e gammes, 30 répétitions
4e, 5e et 6e   —   25   —
7e, 8e et 9e   —   20   —
10e, 11e et 12e —   15   —

1

LA CULTURE MORALE DES JEUNES GÉNÉRATIONS

Parmi les préoccupations de l'heure présente, il en est une qui prime toutes les autres : c'est le souci de la valeur morale des hommes de demain. L'avenir social dépend de la solidité des caractères et de la délicatesse

des consciences. Que ces deux qualités s'éclipsent, voilà le progrès compromis dans sa condition première : nous manquerions d'hommes. D'où la nécessité d'une plus forte culture morale. Et qu'on ne croie point que cette éducation morale soit

une affaire de parti ni de classe, pas plus que de doctrines et de théories. Pourquoi serait-il impossible à des hommes de bonne volonté, appartenant aux groupes les plus divers, de se prêter un mutuel appui en vue d'arrêter ou de

prévoir la dégradation des mœurs, l'affaiblissement de l'énergie, la vulgarité des sentiments, la brutalité des passions, toutes les puissances de corruption qui menacent la démocratie? Contre le péril commun, tous doivent s'unir. Il est temps,

en effet, que l'opinion publique, disons mieux, que la conscience publique intervienne avec autorité et rappelle à ce pays que, par-dessus les querelles politiques et les controverses religieuses, il a un intérêt supérieur à défendre, un devoir primordial à remplir : transmettre aux jeunes générations la règle de vie lentement élaborée par les siècles et entretenir la foi dans un idéal moral et patriotique toujours plus élevé !

Ferdinand Buisson.

II

LES PETITES INDUSTRIES DANS LA RÉGION LYONNAISE

Les environs de St-Etienne sont un grand centre pour toutes sortes d'industries, parmi lesquelles les petits métiers occupent une place importante. Les usines métallurgiques et les mines de houille avec leurs hautes cheminées vomissent la

- fumée ; les manufactures bruyantes, les routes noircies par le charbon, une végétation pauvre, tout donne à cette région l'aspect connu du « Pays noir ». Dans certaines villes, comme à St-Chamond, on trouve un grand nombre de manufactures,

où des milliers de femmes sont employées à la fabrication de la passementerie. Mais, à côté de la grande industrie, les petites industries conservent une très grande importance. C'est ainsi que l'on avait d'abord la fabrication des

rubans de soie qui, en 1885, n'employaient pas moins de 50.000 ouvriers, hommes et femmes. Dans les fabriques, on ne comptait guère que trois ou quatre mille métiers. Les autres, dont le nombre s'élevait à douze ou quatorze cents, appartenaient

aux ouvriers eux-mêmes de St-Etienne et des environs. En général les femmes et les filles filent la soie ou la dévident, pendant que les pères et les fils tissent les rubans. J'ai vu dans les faubourgs de St-Etienne les petits ateliers où

l'on fabriquait sur trois ou quatre métiers ces rubans compliqués où est tissée l'adresse de la manufacture, ainsi que des rubans d'un fini artistique remarquable, tandis que la femme préparait le dîner et s'occupait des soins du ménage.

III

Salaires féminins.

L'inégalité de traitement entre l'homme et la femme, qui se retrouve non seulement chez les fonctionnaires, mais encore dans tout le monde du travail, constitue à nos yeux une iniquité scandaleuse que notre civilisation démocratique

et républicaine, et que la France, protectrice traditionnelle des faibles, a le devoir de faire disparaître un jour, le plus prochain possible. Ce n'est pas seulement pour nous une égalité de principe abstrait dont il s'agit ; car,

derrière l'inégalité économique, se cachent de grandes misères, des êtres vivants qui souffrent, des femmes qui vont mourir dans les hôpitaux, qui ne peuvent goûter la douceur de fonder un foyer, qui mènent une vie de privations parce qu'elles

ne reçoivent quotidiennement, pour un même travail, qu'un traitement souvent très inférieur à celui de l'homme. Or, nous ne pourrons faire progresser rapidement les mœurs sur cette question, comme sur beaucoup d'autres, que lorsque l'Etat patron donnera

l'exemple lui-même. Il lui faut payer les femmes qu'il emploie dans ses services au même taux que les hommes. Tous les sophismes mis en avant contre cette vérité morale n'osent plus s'affirmer et dans l'enseignement en particulier, l'identité

du travail fourni, des diplômes et de la préparation nécessaires, des qualités et du dévouement dépensés, des services rendus au pays et aux familles, toutes les conditions du travail de l'enseignement apparaissent semblables avec évidence.

Louis MARIN,
Député.

IV

Berthelot.

Berthelot fut un grand philosophe ; dans tout ce qu'il a fait, on retrouve les traces de cette tendance. C'est par là que son œuvre est grande et c'est par là aussi que l'homme était encore plus grand que l'œuvre. Il avait foi en la science ; non qu'il attendît d'elle des dogmes immuables ; il savait que nous ne pouvons rien savoir que de relatif et que toute notre science ne peut être qu'un perpétuel devenir. Mais il croyait que devant elle s'ouvre un champ illimité et qu'il n'est pas, dans ce champ, de partie

si éloignée qu'elle ne puisse atteindre un jour, pour peu qu'on lui en laisse la liberté. Cette liberté, il la voulait entière et absolue. Il était resté fidèle aux doctrines qui faisaient l'objet de ses conversations de jeunesse avec

son ami Renan et que celui-ci a exposées dans l'Avenir de la science. Il croyait non seulement que la science est grande et qu'elle est belle, mais aussi qu'elle est bonne, je veux dire qu'elle est capable de rendre l'homme meilleur. Ceux qui la

cultivent pour elle-même se sentiront purifiés par ce culte désintéressé. Ceux qui ne peuvent en voir qu'une partie et qui n'en connaissent que quelques applications, gagneront aussi à sentir, plus ou moins confusément, qu'il y a quelque chose de

bien plus important et de beaucoup plus grand que les intérêts de tous les jours, qui peut servir ces intérêts, mais qui n'est pas fait uniquement pour les servir. Leur faire comprendre cela, ce sera toujours un triomphe de la pensée sur la matière.

Henri Poincaré.

V

Le Commerce en Chine.

Le Chinois est un passionné d'agriculture ; il fait venir, au nord des céréales magnifiques, au sud un riz abondant et célèbre. L'industrie est assez développée en Chine ; il y a des usines de porcelaine, de conserves alimentaires

d'huiles de haricots, des ateliers de gravure, des usines métallurgiques. Le Chinois est très commerçant ; il rend des points, à cet égard, au juif, dont la renommée est pourtant bien établie. Depuis quelques années déjà, la Chine a ses chemins de

fer. Il serait donc injuste de prétendre que la Chine est absolument réfractaire aux progrès occidentaux modernes. Signe manifeste pourtant des civilisations non encore mûres : la Chine ne connait guère les conflits économiques, les luttes de classes, plaie des états sociaux avancés. Il y a bien en Chine un patronat et un prolétariat, mais les ouvriers ne se plaignent aucunement des patrons qui, cependant, les exploitent sans doute davantage qu'ailleurs. Les ouvriers touchent un

salaire très suffisant pour leurs besoins, qui sont presque nuls ; ils travaillent, d'ailleurs, en général, dans des conditions d'hygiène assez satisfaisantes, jouissent du repos hebdomadaire, sont toujours libres de rompre les contrats de travail, purement verbaux,

qui les lient à leurs employeurs. Naturellement, ils ne sont pas associés, syndiqués. Leur sort reste misérable. Les patrons, eux, deviennent pour la plupart très riches, et l'on trouve de grands commerçants associés pour assurer la prospérité d'intérêts communs.

VI

NÉCESSITÉ D'ENCOURAGER LES COMMERÇANTS.

Songez, messieurs, à la pénible situation dans laquelle se trouveront nos négociants, les ouvriers qu'ils emploient et leurs malheureuses familles. Les uns et les autres seront soumis ou à la fermeture des magasins, c'est-à-dire à la ruine,

ou, s'ils ont le courage de résister, à la fraude, c'est-à-dire au déshonneur et à la honte. On dirait vraiment qu'en France on ne cherche qu'une occasion, on ne poursuit qu'un but : lorsqu'un commerce est prospère, au lieu de l'encourager, de l'aider, de

le soutenir, on paraît n'obéir qu'à une idée fixe, le briser et le détruire ! Il faut que cette situation cesse, que ces idées disparaissent pour faire place à une plus saine appréciation des choses. Et, pendant ce temps, l'on s'étonne que notre commerce périclite,

que le Français ne montre aucune des qualités nécessaires pour être un commerçant sérieux et appliqué, quand la faute en est à ceux qui ont charge d'âmes et le devoir strict et absolu de les aider, de les soutenir et de les encourager.

Allez donc à l'étranger, regardez attentivement ce qui se passe autour de vous, voyez tout près, — hélas ! trop près de nous, — ce qui se passe en Allemagne et vous verrez avec quel soin jaloux nos voisins, amis ou ennemis, encouragent, protègent leur commerce, leur industrie et leur agriculture. Rien n'est négligé pour leur être utile, car ils savent bien qu'en soutenant et en encourageant les commerçants, ils sont surtout utiles à la prospérité et à la grandeur de leur patrie.

VII

L'Importance économique de la Pomme de terre.

Il ne me paraît pas utile d'entrer dans de très longs développements, de fournir de très nombreux arguments pour démontrer la grande importance économique de la pomme de terre ; nous savons tous combien elle est précieuse pour l'alimentation

de l'homme et pour la nourriture des animaux. Par les diverses préparations auxquelles on la soumet, la pomme de terre constitue une ressource énorme pour l'art culinaire : on la rencontre sur la table du riche comme sur celle du

pauvre, sur la table du citadin comme sur celle du campagnard ; on peut dire que, apprêtée de différentes manières, elle forme la base de l'alimentation du peuple et qu'elle y tient presque autant de place que le blé. La pomme de

terre est non moins précieuse pour la nourriture du bétail ; elle joue un rôle considérable dans l'alimentation des animaux des espèces bovine, porcine et même chevaline ; en Allemagne, on donne fréquemment six ou sept kilogrammes

de pommes de terre en remplacement d'une partie de l'avoine. Enfin, il est utile de rappeler que la pomme de terre constitue une matière première industrielle de premier ordre, dont on extrait de la fécule, de l'alcool,

du sucre d'amidon. Au point de vue agricole, la pomme de terre, employée par l'industrie de la féculerie ou de la distillerie, a encore le grand avantage de laisser des résidus qui trouvent leur place dans l'alimentation du bétail.

VIII

Nécessité de l'Association.

Malheur à l'homme seul, a-t-on dit et écrit de tout temps. Ce qui, aux premiers temps, fut vrai pour l'individu isolé, astreint à se défendre contre sa propre ignorance et contre l'inclémence des éléments, l'est plus encore pour l'homme moderne que les

besoins croissants de l'existence et les fatalités de la concurrence condamnent à s'armer et à lutter toutes les heures de sa vie contre ses semblables. L'homme isolé n'est ni consistant ni résistant. Il est comme un fétu que le moindre tourbillon

emporte, comme un caillou que le torrent roule et rejette à son gré. Débile et voué à la défaite, il est à tout instant molesté ou écrasé par la masse irresponsable des forces économiques organisées. De ce fait social est née la tendance de plus en plus manifeste qui pousse les individus à se réunir en de puissants groupements et ces groupements à se souder en de formidables associations tous les jours plus instruites et mieux outillées pour la défense

de leurs intérêts matériels et moraux. Tous les jours s'épanouit sous nos yeux quelquefois surpris, une véritable floraison de syndicats, de trusts, de fédérations dont le colossal effort tend tout entier vers une répartition plus équitable des

produits du capital et du travail. Individualistes par tempérament, répugnant par instinct à tout amoindrissement de leur personnalité, les peuples latins ne se sont engagés qu'avec hésitation dans la pratique de l'association syndicale.

GAUTHIER,
Sénateur.

IX

La pénétration allemande en Italie.

L'union des races latines opposée à l'invasion teutonique s'impose comme la plus urgente nécessité. Du reste, l'idée des mesures préventives se dessine déjà dans la détermination qui apparaît partout d'améliorer le régime des voies ferrées. Les nouvelles lignes de raccordement avec le Simplon, construites dans le but de ressaisir une partie du trafic que les chemins de fer belges, luxembourgeois et alsaciens, ont soustrait aux réseaux français depuis le

percement du Gothard, apparaissent comme des remèdes bien éphémères contre le mal dont on souffre et surtout contre la menace du mal prochain encore plus décisif. On s'oriente de plus en plus vers le sud. Avec insistance, les Français parlent de

créer un débouché plus rapide vers cette partie de l'Italie qui est encore la moins paralysée par l'influence germanique, vers le Piémont. On comprend en France la nécessité de conserver à l'abri de la puissance tant redoutée la grande

voie de communication vers l'Orient. On tourne les yeux vers l'Italie avec sympathie, comme vers une alliée naturelle pour la défense réciproque. La France est riche, et ce serait une sage politique de la part de l'Italie de

favoriser la pénétration française contre la pénétration allemande et de favoriser du même coup les excellentes dispositions de la France pour le perfectionnement de la première voie de pénétration à travers les Alpes.

X

LE TRAVAIL DANS LES ARSENAUX.

Je regrette de voir que les ateliers français ne sont pas suffisamment occupés et qu'à l'étranger on construit pour nous des locomotives et des wagons, alors que nous avons des ouvriers inoccupés dans nos arsenaux et ailleurs. Je vous demande la

permission de vous rapporter un entretien que j'ai eu avec des directeurs d'arsenaux. Vous avez eu l'occasion d'entendre ici les doléances des ouvriers se plaignant des renvois qui avaient lieu dans les arsenaux ou les fonderies de l'Etat, ou de

l'élévation du prix du travail. La conclusion était que les ouvriers n'avaient pas de travail à exécuter. Plusieurs directeurs d'arsenaux m'ont dit qu'ils souhaitaient avoir à exécuter des travaux qui ne seraient pas livrables à date fixe, afin de leur

permettre de donner du travail d'une façon continue à leur personnel qu'ils pourraient ainsi garder. Dans le cas de rentrée d'un croiseur cuirassé, on pourrait le faire rapidement réparer en y employant le personnel qui suspendrait la fabrication de pièces détachées ne devant pas être livrées à date fixe. Peut-être, il y a trente ou quarante ans, cela aurait été difficilement applicable ; mais, avec les méthodes actuelles de construction, cela est parfaitement possible.

Qu'il s'agisse de wagons, de voitures ou de locomotives, on ne doit avoir besoin que de remplacer des pièces interchangeables qu'on doit posséder en quantité suffisante pour faire face aux réparations et à l'entretien du matériel.

XI

LA FABRICATION FRANÇAISE.

La France a la bonne fortune d'avoir une production à elle, ce que j'appellerai une marque. Tout le monde sait que ses produits ont un caractère spécial, non seulement pour leur qualité mais aussi pour le goût et la solidité. Nous

le devons à l'habileté de nos ouvriers et à la probité de nos industriels. J'estime donc que l'industrie française est plus qu'une autre assurée de son exportation, à condition pour elle de ne pas changer le caractère de ses produits

et de ne pas faire, comme on le lui conseille, de la camelote ; c'est à ce prix seulement qu'elle pourra franchir toutes les barrières ; son avenir est assuré, à la condition cependant qu'elle soit servie et secondée par un commerce

à la hauteur de sa tâche. Le nôtre est loin d'avoir l'organisation puissante de celui de nos principaux concurrents. Son outillage est insuffisant ; il ne dispose, ni des banques de crédits, ni des comptoirs, ni des associations, ni des

instruments de toute nature qui favorisent l'exportation des autres nations. Et surtout il n'a pas à sa disposition cette jeunesse ardente et nombreuse qui, dans les autres pays, se répand d'un bout du monde à l'autre et qui travaille à

la prospérité des affaires de son pays d'origine. Cette jeunesse, j'espère que nous l'aurons le jour où nous serons délivrés de cette plaie du fonctionnarisme qui tarit la vigueur et l'énergie de notre race. Tel doit être le but de nos efforts.

XII

L'art Chinois.

L'art chinois existe, puisqu'on le contrefait en Europe. La plupart des objets dits chinois que l'on trouve ici sont de fabrication française ou japonaise. Les articles chinois authentiques sont assez rares en Occident. Qu'il s'agisse de

tapisseries ou de broderies, ou de menus objets tels que : bijoux, vases, tabatières, etc., le travail chinois possède un « je ne sais quoi » caractéristique. La conception est d'une originalité frappante, l'exécution d'un coloris

bizarre, d'une finesse mathématique. Et encore, l'art chinois s'est-il presque complètement éclipsé depuis la conquête mandchoue ; les bibelots curieux que les amateurs achètent à prix d'or sont presque tous anciens.

L'invasion a tué l'art, la révolution peut le ressusciter. La Chine a des peintres paysagistes et des sculpteurs ; elle ne peut guère, en revanche, mettre en ligne des musiciens intéressants, et encore moins des savants. Ses théâtres ne

méritent pas d'être cités. Mais elle a des romanciers, des historiens, des journalistes. Beaucoup de Chinois, à l'heure actuelle, sont complètement émancipés du bouddhisme comme de toute religion ; ils sont libres-penseurs, matérialistes ;

ils ne croient ni en la divinité, ni en l'immortalité de l'âme. Tous les Chinois ont gardé cependant le culte des morts ; dans chaque famille, les ancêtres ont un autel sur lequel leurs noms sont gravés et où, en leur honneur, des parfums brûlent jour et nuit.

CINQUIÈME SÉRIE

———

Gammes à 90 mots.

Nombre de répétitions :

1ʳᵉ, 2ᵉ et 3ᵉ gammes, 30 répétitions
4ᵉ, 5ᵉ, 6ᵉ et 7ᵉ — 25 —
8ᵉ, 9ᵉ, 10ᵉ et 11ᵉ — 20 —
12ᵉ, 13ᵉ et 14ᵉ — 15 —

I

L'EMBALLAGE DES FLEURS POUR L'EXPORTATION.

Certains de nos producteurs n'accordent pas aux emballages toute l'importance qu'ils méritent lorsqu'il s'agit de certaines fleurs. L'emballage en paniers d'osiers est défectueux s'il s'agit d'expéditions de roses à longues tiges ou d'œillets, ou lorsque le temps est froid. La fleur est, en

effet, insuffisamment protégée. Les seuls emballages qui conviennent sont les cartons ou caisses en bois. Il est encore nécessaire que la fleur soit placée de telle façon qu'elle n'ait pas à souffrir durant le voyage. Chaque rangée de fleurs doit être séparée par un papier de

soie, toutes précautions qui ont, en outre, l'avantage de plaire à l'acheteur. Enfin, notre exportation souffre du manque de moyens de transports, sinon rapides, du moins directs. Il existe bien, il est vrai, l'Orient-express lorsqu'il s'agit des envois de roses provenant des environs

de Paris. Mais les frais de transport sont élevés et seuls peuvent recourir à cette voie rapide les négociants qui ont une clientèle riche. Les expéditions de fleurs de provenance française sont faites, en général, par l'intermédiaire d'expéditeurs, d'où retards aux

frontières italienne et autrichienne par suite des formalités à accomplir, des transbordements à faire, sans parler du risque que courent trop souvent les marchandises, de manquer les correspondances. Il ne faut pas oublier, en effet, que les envois se font par chargements d'ensemble, qu'un wagon peut contenir des colis de fleurs pour trois ou quatre destinations différentes, ce qui entraîne la nécessité du transbordement, aux gares frontières et d'embranchement. Les envois de France ne parviennent pas, en général, à destination avant deux jours.

II

Industrie sucrière.

C'est au moment où la sucrerie française traverse une crise dont elle sort avec tant de peine et qui l'étreint depuis si longtemps, au moment où chaque année nous voyons le nombre des fabriques qui ferment définitivement leurs portes croître de plus en plus, où les frais généraux

augmentent considérablement pour notre industrie sucrière, au moment encore où nous allons peut-être nous voir obligés de défendre notre propre marché intérieur contre l'invasion des sucres étrangers, au moment où nos cultivateurs se demandent avec anxiété si

la température leur permettra de procéder à leurs arrachages et à leurs transports, que vous demandez l'établissement d'un droit sur une matière première indispensable à une industrie qui fait prospérer toute notre agriculture ! Ce serait là, il me semble, faire

de la protection à rebours, et pour quel profit ? Que valent, en définitive, les intérêts, si respectables qu'ils soient, de quelques producteurs de graines de betteraves au regard des milliers et des milliers de cultivateurs qui alimentent nos sucreries ? Mais malgré les progrès incessants

que les sucreries françaises ont réalisés en ces dernières années, leur capacité de production reste très sensiblement inférieure à celle des sucreries étrangères. De ce fait, les frais généraux de nos nationaux sont plus élevés que ceux de leurs rivaux étrangers. Ajoutez-y des charges

fiscales un peu plus lourdes, la cherté de la main-d'œuvre, du charbon et des objets de consommation, et vous verrez si, de gaieté de cœur, vous pouvez proposer une augmentation de droits sur une matière première indispensable à cette industrie qui fait vivre tant de nos concitoyens.

III

LA CIVILISATION INDO-CHINOISE.

Mais, en réalité, quel est donc, à l'heure actuelle, le problème fondamental devant lequel nous nous trouvons en Indo-Chine ? Il résulte tout d'abord, je dirai de la nature même de cette population et de la nature du pays. Nous avons commis une erreur initiale qui n'a point

été réparée suffisamment depuis lors. Ç'a été de penser dès le début que nous étions en face de populations non civilisées, de populations à moitié barbares, alors qu'en réalité nous nous trouvons devant une forme de civilisation qui n'est pas la nôtre, mais qui est aussi

développée, aussi raffinée, aussi avancée, sous certains rapports, que la nôtre. La population annamite présente cette heureuse particularité — qui pouvait être singulièrement favorable à l'établissement et à la consolidation de notre régime — qu'il n'existe chez elle ni

castes, ni sectes. Point de castes, partout le concours. Point de rangs héréditaires. Les places accessibles trop souvent, je le veux bien, à la corruption, mais en théorie tout au moins, données à l'examen, c'est-à-dire au mérite et à l'intelligence. Et puis, point de sectes. Je sais très bien

qu'à la base, parmi les classes profondément ignorantes, il s'est développé toute une végétation parasite de superstitions ; mais ce qui constitue la religion proprement dite de ce pays, c'est, au fond, purement et simplement la religion d'État, le souvenir des ancêtres,

le culte du passé, le culte de l'histoire. Et la preuve, c'est que les seuls temples qui sont encore vivants en Indo-Chine, les seuls dans lesquels on voit encore des indigènes faire acte de culte, ce sont les temples à la mémoire des grands législateurs et des grands conquérants.

IV

PUBLICITÉ LUMINEUSE.

Si la publicité moderne par voie d'affiches ou autres procédés a fait des progrès remarquables, se transformant tous les jours sous un aspect toujours nouveau et séduisant, comme il convient à tout ce qui est français et surtout parisien, notre législation, elle, n'a pas changé.

Elle en est toujours aux vieux procédés courants d'autrefois, si bien que les nouveaux procédés imprévus par le législateur d'alors, échappent habilement à l'impôt. A côté de ces réclames taxées bien modestement par voie d'affiches ordinaires et courantes bien négligées

aujourd'hui, il y en a d'autres qui sont beaucoup plus productives. Elles constituent la publicité de luxe, la réclame tapageuse : c'est presque incroyable de constater qu'elles ne rapportent rien au Trésor ! Je veux parler notamment des reproductions obtenues au moyen de

la lumière oxhydrique, d'annonces gravées ou photographiées sur des plaques de verre et qui sont grossies par des lentilles, puis projetées sur un rideau transparent pouvant être vu de la voie publique. C'est la publicité lumineuse qui fait l'admiration ou l'amusement

des Parisiens, sur les boulevards, le soir. Elle paraît devoir être un des plus puissants moyens de publicité pratique dans l'avenir. Elle n'est qu'à ses débuts. Le défaut de permanence de cette reproduction ne permet pas de l'assimiler à une affiche peinte et

comme ce n'est pas une affiche sur papier, elle reste en dehors des prévisions de la loi fiscale en vigueur. Le fisc se trouve désarmé et l'égalité devant l'impôt méconnue. La justice exigerait que toutes les réclames fussent taxées selon leur efficacité.

V

CHENILLE FILEUSE.

Une des ressources principales du Sud-Ouest, la prune, dont le seul département du Lot-et-Garonne vend annuellement pour une vingtaine de millions de francs, est à la merci d'un parasite qui peut détruire toute la récolte. Ces chenilles, écloses dès le mois d'août

sur l'arbre, passent l'hiver abritées sous une membrane qui a caché leurs œufs. Elles en sortent dans le courant d'avril, en même temps que les feuilles nouvelles, qu'elles dévorent à mesure qu'elles poussent A la fin du mois de mai, si les chenilles n'ont pas été arrêtées,

elles ont tissé de branche en branche un immense filet blanc qui enveloppe l'arbre entier ; et non seulement la récolte est totalement perdue, mais l'année suivante les bourgeons à fruits ne pourront pas se former ; souvent même l'avenir de l'arbre est compromis.

Ce désastre apparaît à intervalles irréguliers. Après une invasion très grave, les chenilles, sans raison apparente, disparaissent ; puis, quelques années après, on aperçoit des colonies de chenilles sur quelques arbres, l'année suivante il y aura certainement une très dangereuse

invasion. Il existe heureusement un moyen efficace de combattre la chenille fileuse, c'est l'aspersion du prunier avec une solution de nicotine, Mais la nicotine est fournie par l'État — et seulement par l'État — dans ses manufactures de tabacs et, tout en rendant

hommage, monsieur le ministre, à votre bonne volonté personnelle, dont vous nous avez donné déjà des preuves, nous sommes bien obligés de dire que nos agriculteurs n'ont pas toujours trouvé auprès de l'administration les facilités qu'ils étaient en droit d'attendre.

VI

LES ESPACES LIBRES DANS LES VILLES.

L'intérêt chaque jour croissant, qui se manifeste dans l'opinion publique en faveur des espaces libres, des jardins publics, des promenades et des plantations dans les grandes villes, est l'indice des besoins résultant des conditions nouvelles de la vie. L'activité des affaires,

les facilités des communications, le développement indispensable des industries pour tenir la lutte des prix, ont fait affluer vers les villes les populations des campagnes, et n'ont plus permis de vivre, comme autrefois, avec des ressources constantes et régulières

dans les campagnes et auprès de la nature. Ce mouvement, qui se dessine si vif, a eu déjà pour conséquence, à l'étranger, la création d'institutions, de fonctions et d'organes spéciaux et aussi la mise au jour d'idées et de projets originaux et la réalisation

d'œuvres nouvelles. Il devient extrêmement important pour nous de nous tenir au courant de tout ce qui vient d'être réalisé et de tout ce qui est en projet tant en Europe qu'en Amérique ; il est également de première importance de nous tenir nous-mêmes

réciproquement au courant de nos idées, de nos projets et des résultats heureux obtenus par les uns et par les autres. Il ne faut pas oublier que ce grand mouvement est né en France. Mais pour nous tenir au courant de tout ce qui se dit et se fait en cet ordre d'idées, pour connaitre les questions les plus spécialement professionnelles qui nous intéressent, pour défendre au besoin les intérêts matériels de notre profession, agir individuellement serait incontestablement insuffisant. Il est donc de toute nécessité de fonder une association.

VII

LA CRISE DE L'APPRENTISSAGE.

La crise de l'apprentissage n'est pas le fait d'une volonté individuelle, ni même de la volonté de l'ensemble des industriels et des commerçants. Elle est la conséquence des progrès qui se sont accomplis dans le machinisme ; on la considère comme générale et

on veut y englober toutes les industries ; mais c'est une vue inexacte. Il y a des industries où il n'y a pas de crise de l'apprentissage. La pénurie d'apprentis se fait surtout sentir dans la métallurgie, en particulier dans la mécanique, et on a tendance à englober

toutes les industries dans la mécanique, parce que la mécanique intervient à peu près dans toutes : livre, vêtement, habitation, ébénisterie. Mais le moment venu, il y aura lieu d'établir des distinctions, d'examiner les faits l'un après l'autre. Ce qui est à retenir,

c'est que la loi de 1900 a eu pour conséquence de faire sortir des ateliers des jeunes gens âgés de moins de dix-huit ans. Cette mesure a été prise par certains patrons pour faire échec à la loi. Ils y ont réussi en partie ; j'espère qu'ils n'y réussiront pas davantage.

Quelques patrons ont été corrects, mais beaucoup d'entre eux, avec peu de bonne foi, se retranchant derrière la loi qui interdisait de faire travailler ces jeunes gens douze heures par jour, ont refusé de les admettre dans leurs ateliers, même après trois années d'apprentissage dans une

école professionnelle où ils avaient acquis une certaine habileté. Quand on prétend donner des leçons de patriotisme, comme le font certains gros industriels, on devrait faire quelques sacrifices en vue de l'intérêt général et oublier un peu son intérêt particulier

VIII

Notre Marine marchande

La dernière visite présidentielle, qui a été pour les côtes de l'Océan comprises entre Saint-Nazaire et Bordeaux, a remis à l'ordre du jour notre marine marchande, ainsi que nos chantiers de construction où vient d'être lancé, à Saint-Nazaire, le paquebot *La France,*

la plus grande unité de notre service transatlantique que nous possédions aujourd'hui. Si nous pouvons construire avec beaucoup plus de rapidité et d'économie que par le passé, nous sommes encore, pour les cuirassés, loin du but et nous n'arriverons à éviter ces

retards si regrettables qu'en abandonnant le système qui consiste à diviser la construction d'un navire de guerre par petits paquets. Les statistiques du commerce de la France ont fait ressortir que notre marine marchande traversait, à l'heure actuelle, une

période de prospérité sans précédent. Pendant les six premiers mois de 1910, les importations ont augmenté de 119 millions et les exportations de 186 millions par rapport à la même période de 1909 ; soit, au total, une augmentation de plus de

300 millions, et plus d'un demi-milliard pour l'année si cette activité se prolonge. Ceci permet, pour l'avenir, les plus belles espérances. Malheureusement, ce regain d'activité vient trop tard ; nous aurons de la peine à regagner le temps perdu. Par suite d'une mauvaise

organisation administrative, la marine de France n'a pu que difficilement lutter contre la concurrence étrangère. Elle est tombée du deuxième au cinquième rang et les efforts qui ont été faits sont loin d'avoir produit les résultats qu'on attendait.

IX

Les assurances modernes

Le principe de l'assurance est l'un des plus simples qui soient, mais ses applications se sont multipliées en un si grand nombre de cas que ce genre de prévoyance est devenu extrêmement complexe, au point d'avoir constitué un véritable organisme social. Le simple contrat, qui mettait, à l'origine, des prévisions contraires en présence, est devenu un élément de force remarquable entre les mains de ceux qui en ont fait une des bases de leur inquiétude. L'évolution de la vie individuelle dans la société contemporaine est

menacée par une foule d'aléas, et chacun peut vieillir dans la crainte d'une brusque fin de carrière qui supprime prématurément le chef de la famille et laisse celle-ci sans ressources et plus ou moins désemparée. C'est de l'idée de voir les siens passer de l'aisance à la

misère qu'est né le principe de l'assurance-vie, et cette branche a rendu des services à ce point signalés qu'il n'est plus utile depuis longtemps d'insister sur son intérêt. Tout au plus est-il permis de constater que des organisations particulièrement puissantes

pratiquent ce mode d'assurance et ont contribué de toutes leurs forces à le faire entrer dans nos habitudes et à le mettre à la portée du plus grand nombre Or, en l'espèce, les intéressés sont légion. Les sentiments d'altruisme se sont largement développés dans la famille moderne et il

semble tout à fait rationnel à tout le monde de laisser une œuvre posthume qui sera la sauvegarde de la descendance directe encore insuffisamment armée pour une lutte de jour en jour plus difficile. L'assurance est d'ailleurs un acte d'épargne.

X

LE RÉSEAU DES CHEMINS DE FER DE L'ÉTAT

Je tiens essentiellement, je vous l'assure, à voir le réseau de l'État fonctionner d'une façon parfaite et donner satisfaction au public. Je souhaite ardemment que les chemins de fer de l'État soient mis promptement en mesure de faire mieux que les autres compagnies, parce que

nos adversaires auraient trop beau jeu pour nous dire que le réseau de l'État ne marche pas mieux que l'ancienne compagnie de l'Ouest. Évidemment, il ne s'agit pas d'une question de volonté ; nous savons parfaitement que pour qu'un réseau de chemin de fer, quel qu'il soit, fonctionne bien, il

faut qu'il possède un matériel de qualité et de quantité suffisantes, bien entretenu et qu'il ait un bon personnel, et par matériel j'entends la voie, les gares. Or, tout cela laisse beaucoup à désirer de l'aveu même du rapporteur. Nous étions les premiers à critiquer avec raison la compagnie de l'Ouest qui ne faisait pas le nécessaire, qui nous a laissé un matériel dans un état déplorable ; évitons nous-mêmes de donner prise à ces critiques et prenons les mesures nécessaires pour faire ces réparations. Vous dites qu'il y a

là une question budgétaire. Je sais bien qu'on n'aura pas des gares, des locomotives et des wagons sans argent ; mais il ne faut pas oublier que ce ne seront pas là des dépenses improductives ; les capitaux qu'on engagera dans la construction du matériel dont je parle seront

bien placés et il ne faut pas hésiter à les avancer. Refuser, sous prétexte d'économie, de faire telle ou telle dépense pour améliorer le réseau de l'État qui ne doit pas rester dans la situation où il se trouve aujourd'hui, serait une politique industrielle détestable.

XI

LES EXPORTATIONS FRANÇAISES EN ALLEMAGNE

Je ne veux pas m'étendre sur la portée de nos exportations en Allemagne, je ne veux pas dire combien notre commerce aurait à souffrir d'une rupture des rapports commerciaux avec l'Allemagne, mais je me bornerai, sachant combien le Sénat est dévoué aux intérêts agricoles,

à vous entretenir d'un côté tout particulier de nos exportations en Allemagne. Je veux parler d'une production agricole spéciale, qui, depuis quelques années, est devenue l'objet d'un commerce très important entre les départements du Sud-Est de la France

et l'Allemagne. Il s'agit de la production des fruits, des primeurs, des fleurs et des légumes. Cette production et ce commerce ont leur centre dans la région qui comprend les départements des Alpes-Maritimes, du Var, des Bouches-du-Rhône, de Vaucluse, des Pyrénées-Orientales

et, dans une certaine mesure, ceux du Gard et de l'Hérault. Elle est devenue extrêmement importante et elle constitue, pour nos populations du Sud-Est, une ressource dont véritablement nous serions désolés de les voir privées, car c'est à leurs efforts que nous

devons la transformation d'une partie de notre sol de Provence, qui est devenu, à cette heure, un véritable jardin où les primeurs poussent, je ne dirai pas par enchantement — car ce n'est que grâce au travail de nos cultivateurs que nous arrivons à une pareille production —

mais avec cette fécondité qui, finalement, donne l'aisance à toute une région et la met à l'abri de la misère. Il y a, dans notre département des Bouches-du-Rhône, un centre qui est devenu particulièrement important pour cette production.

XII

Histoire de l'alimentation

L'histoire de l'alimentation, c'est la leçon des siècles, et jamais il ne faut la perdre de vue. Rien n'est instructif comme ses enseignements ; c'est faute d'y avoir recours que tant de régimes ont une durée éphémère et plus longue encore que celle qu'ils méritent, que tant

d'innovateurs manquent de ces idées générales qui doivent être à la base de toute œuvre durable et se puiser dans l'observation patiente de la nature et de l'expérience mondiale. Pour comprendre l'alimentation qui convient à notre époque, il faut

aller à cette grande école de l'histoire de l'alimentation, qui est celle de l'humanité elle-même. Ses enseignements sont de plus en plus précis : Elle nous apprend que les céréales, c'est-à-dire le blé, l'avoine, le seigle, l'orge, le maïs, les produits qui en dérivent et en

particulier le pain et les pâtes, ont été et sont encore les aliments essentiels de l'homme. Voilà un fait historique qu'il faut graver dans vos esprits. Chaque fois qu'un peuple s'est écarté de cette nourriture, ce fut aux premiers âges plutôt par nécessité que par instinct

et plus tard sous l'empire d'idées théoriques ou scientifiques ; c'est dans notre pays l'origine de l'usage jusqu'à l'abus de la viande, du vin, des œufs, du sucre, du chocolat, en un mot de tous les aliments concentrés ou riches en albumine. Le fait se vérifie

particulièrement en France. Depuis un quart de siècle, un autre élément s'est introduit dans le problème de l'alimentation, c'est le changement de la vie, le caractère intensif qu'elle revêt. L'histoire des siècles est assez instructive pour y puiser à pleines mains.

XIII

LA PÉNÉTRATION ALLEMANDE

Employer l'épargne d'une nation à favoriser d'autres nations et à leur fournir les moyens de perfectionner leurs instruments de guerre politiques et économiques est une erreur très grave. C'est une folie. Le meilleur parti à prendre et le plus sage est, au contraire,

de consacrer l'épargne de la nation au perfectionnement de son propre outillage, à l'augmenter et à le renouveler pour qu'il se trouve approprié à la lutte économique ; c'est par-dessus tout d'endiguer cette conquête qui partout s'étend menaçante : la conquête

teutonique. Le désastre de 1870 fut rapide, foudroyant. Mais il n'approche pas, dans son immensité, de ce que serait l'absorption lente, méthodique, sournoise, calculée et fatale !.. Le conquérant s'avance du reste le sourire aux lèvres, le rameau d'olivier

à la main. Sous le couvert de la cordialité il s'insinue partout ; il habitue la masse à son idiome, il réussit à la longue à vous le faire supporter, à vous l'enseigner, à vous l'imposer. Il envahit la Bourse, le marché, la maison, la famille. Un beau jour, vous vous

apercevez que le tissu qui vous habille, les meubles qui vous entourent, vos aliments et vos breuvages préférés vous viennent de lui : c'est lui qui vous les fournit. C'est encore lui qui, à force d'insinuations et de flatteries, vous a fait concevoir, tracer et construire ces voies

mêmes qui convergent vers lui ; c'est lui qui construit le matériel qui vous transporte, qui a transformé à son profit vos propres tarifs. Vous reconnaissez que vous vous êtes inconsciemment asservis à lui et que vous ne disposez plus des moyens ni de l'énergie nécessaires pour réagir.

XIV

L'EXPANSION ÉCONOMIQUE

Dans l'intérêt de la race comme dans celui de la civilisation : il était nécessaire que la France revînt à la possession d'elle-même, qu'elle songeât aux lendemains qui lui étaient réservés, qu'elle recherchât les moyens de combler les vides causés par les événements dans le patrimoine des aïeux, et d'utiliser les merveilleuses qualités de travail, d'endurance, d'épargne, d'énergie dont elle est douée. A tous les points de l'horizon, un mouvement irrésistible se manifestait alors, poussant les nations à la recherche de l'inconnu et à la

conquête de nouvelles richesses à exploiter. Les progrès immenses accomplis dans toutes les branches des connaissances humaines, en accroissant, dans des proportions gigantesques, la puissance créatrice de leurs industries, leur faisaient un devoir, une nécessité même de s'épandre hors de leurs frontières et de rechercher des débouchés pour des produits sans cesse croissants, que leur consommation intérieure était incapable d'absorber. La géographie physique, après de longs et glorieux labeurs, touchait au terme de sa mission, elle avait fixé les contours du globe,

déterminé les grandes lignes de sa configuration, reconnu la nature des éléments qui le composent, recherché, analysé et déterminé les points de contact des continents dont il est formé. Grâce à elle, les richesses naturelles du monde étaient connues dans leur ensemble ;

des notions précises sur les régions les plus mystérieuses, sur les populations et sur les races, se faisaient jour et on sentait que le moment approchait où à l'œuvre scientifique ne tarderait pas à succéder l'œuvre économique, c'est-à-dire l'exploitation rationnelle de la terre.

SIXIÈME SÉRIE

———

Gammes à 100 Mots.

(Les coupures indiquent les 1/4 de minute).

Nombre des répétitions :

1re, 2e et 3e gammes, 30 répétitions
4e, 5e, 6e, 7e et 8e —   25   —
9e, 10e, 11e et 12e —   20   —
14e, 15e et 16e   —   15   —

1

LE MONOPOLE DE L'OPIUM EN INDO-CHINE.

Le quart des ressources qui composent le budget des recettes de notre colonie d'Indo-Chine est dû à l'opium qui est là-bas un monopole d'Etat. Il

serait absolument impossible, je le déclare très nettement, de faire disparaître du budget de l'Indo-Chine brusquement à l'heure actuelle

les 7 ou 8 millions de piastres que donne le monopole de l'alcool. Ce serait bouleverser d'une façon très grave et peut-être irrémédiable

les finances de cette colonie, qui ne sont pas très prospères. Mais si cette raison budgétaire, je le répète, est très sérieuse, je n'en dirai pas autant

d'une autre qui a été invoquée par le Gouvernement général de l'Indo-Chine dans des notes insérées dans la presse à l'occasion de la publication

des mesures que j'ai rappelées. Je veux parler du respect des mœurs des indigènes. Certes, nul plus que moi n'est pénétré de la nécessité de respecter les mœurs des indigènes. Ce respect, dont M. le Gouverneur général de Madagascar a parlé en termes si justes, est la base de toute politique

coloniale. Une politique coloniale qui ne s'en inspirerait pas serait indigne à la fois et du bon sens et de la générosité de la France.

Mais j'aimerais à voir, en Indo-Chine précisément, d'autres manifestations du respect des mœurs des indigènes que celle qui consiste à battre monnaie

avec le vice le plus dégradant. La raison la plus sérieuse, la seule, est la raison budgétaire. Mais si elle interdit d'une façon absolue, à

l'heure actuelle, la disparition brusque et immédiate de la consommation de l'opium, elle n'interdit pas d'en envisager la disparition

graduelle. Or, je regrette de n'avoir pas vu indiquer par le Gouvernement de quelle manière il entend poursuivre la disparition de la consommation de

l'opium en Indo-Chine.

II

L'Apprentissage.

Jadis, l'apprentissage s'imposait comme une conséquence logique de la pratique industrielle. On pouvait trouver un mécanicien par exemple,

tandis qu'aujourd'hui il faudrait appeler de ce nom celui qui conduit une machine et qui ne serait encore qu'un spécialiste, car s'il conduit

et sait mettre en mouvement sa machine, il serait incapable de la construire. Il y a quarante ou cinquante ans, par contre, on trouvait encore

des ouvriers, qui ont aujourd'hui des cheveux blancs, capables d'exécuter un modèle, de forger les pièces. Cela paraîtrait énorme pour des ouvriers

d'aujourd'hui. J'en ai connu cependant qui avaient assez de compétence pour prendre un dessin et livrer la machine en marche, après avoir fait toutes les

opérations de forge, d'ajustage et de montage. Aujourd'hui on n'en trouverait plus, la concurrence ayant obligé les industriels à spécialiser

les ouvriers. Ceux qui percent ne savent que percer, ceux qui forgent ne savent que forger. Le forgeron est incapable de se servir d'une lime ; l'ajusteur ne sait pas forger ses burins, on les lui donne tout faits. Les trois quarts des prétendus mécaniciens-ajusteurs d'aujourd'hui ne savent pas faire un foret. Quant aux

apprentis qui collaborent avec eux et ne sont pas encore ouvriers, ils sont destinés aussi à être des spécialistes ; ils ne réunissent pas les qualités qui donnent à l'ouvrier muni de connaissances plus larges, cet éclectisme d'une profession, quelle qu'elle soit, qui le rendent apte à faire face

aux différents besoins de l'industrie, parce qu'il faut posséder des connaissances générales qui permettent, lorsqu'on a acquis l'expérience d'une profession,

de la reporter sur une autre et de la perfectionner, tandis que, lorsqu'on est localisé, il est impossible d'utiliser les progrès réalisés à côté.

III

Le Commerce de l'automobile au Japon.

Le Japon s'organise au point de vue du tourisme. Il se fonde, dans les villes et les sites célèbres, des grands hôtels, qui cherchent à attirer et à fixer

les étrangers. Plusieurs de ces hôtels, qui appartiennent parfois à la même société, songeront certainement à se relier entre eux, de manière

à épargner à leur riche clientèle l'emploi incommode des chemins de fer. Ils auront, en outre, besoin un jour de voitures pour excursions. Une

voiture de ce genre, d'une force et d'une construction à déterminer, serait envoyée, avec profit, je crois. En général, ce qui semble convenir

à ce pays, ce sont des voitures légères et robustes, sauf celles, naturellement, qui seraient affectées à quelques services particuliers comportant

des véhicules lourds : omnibus, camions pour transport de marchandises, de matières postales, etc. Il y a intérêt, en raison des droits de douane

qui sont très élevés sur les voitures complètes, et en vue de profiter autant que possible du bon marché de la main-d'œuvre japonaise, à n'importer

que les pièces essentielles du mécanisme, et à faire le montage et la carrosserie sur place. Peut-être même pourrait-on fabriquer des châssis en bois. Ce pays a des bois excellents que ses ouvriers travaillent admirablement. Les droits de douane sont évidemment un élément très important de

la question de l'automobilisme au Japon. La grande majorité de la clientèle recherche le bon marché. Or, les automobiles ont été

jusqu'à présent considérées par l'administration comme articles essentiellement de luxe. Cette distinction a naturellement pour objet de

favoriser la création et le développement d'une importante industrie locale. Cette industrie existe déjà, en partie mais en petit.

IV

LE DÉVELOPPEMENT DE LA CULTURE AUX COLONIES.

Messieurs, ma proposition a pour but de développer dans nos colonies la culture des principales matières premières qui sont nécessaires à notre

commerce et à notre industrie. Ces matières premières sont nombreuses ; elles se composent d'abord du coton, dont nous importons en France pour 350

millions de francs ; du café, dont nous importons pour 100 millions ; du cacao pour 35 millions, du caoutchouc pour 100 millions, des bois d'ébénisterie et des bois de

teinture, soit ensemble pour 600 millions. Il me semble et il vous semblera sans doute également qu'il y aurait intérêt pour nos colonies et pour la métropole

à acheter ces produits dans les pays qui sont sous notre domination, au lieu de les prendre dans les pays étrangers qui souvent ne nous payent pas de retour en

achetant nos produits manufacturés, et mettent même sur ces produits des droits de douane élevés qui empêchent nos industriels de les leur envoyer. Le jour où nous

produirons ces matières premières dans nos propres colonies, nous obtiendrons deux avantages : d'abord nous y développerons le bien-être permettant ainsi aux

races natives de gagner des salaires qu'elles consacreront tout naturellement à l'achat de nos produits ; puis nous rendrons un grand service à notre industrie, en lui facilitant l'envoi de ses produits manufacturés dans nos colonies, au grand avantage de notre population ouvrière. Il y a là, vous

le voyez, un double avantage. Ce matin, l'un de nos collègues a fait ressortir, au point de vue du coton, combien cette question avait d'importance. Vous savez,

en effet, que les Etats-Unis qui sont les grands producteurs du coton, deviennent de plus en plus, eux-mêmes, consommateurs de ce même produit. Leur industrie a

pris un développement considérable et, aujourd'hui, ils consomment près du tiers de leur propre production. La conséquence, c'est que les prix tendent à s'élever.

V

BERTHELOT ET LA SYNTHÈSE DES COMPOSÉS ORGANIQUES.

Les premiers travaux de Berthelot ont eu pour objet la synthèse des composés organiques. Avant lui, on distinguait deux domaines absolument étrangers

l'un à l'autre, celui de la chimie minérale et celui de la chimie organique. Entre les deux, une barrière infranchissable. Il existe,

croyait-on, certains corps que la vie peut seule créer ; tels sont les sucres et les alcools ; tout ce que le chimiste peut faire, c'est de les extraire des végétaux ou des

cadavres des animaux. Berthelot ne voulut pas s'arrêter devant cette barrière et il parvint à la renverser. Il part des éléments, du carbone, de

l'hydrogène, de l'oxygène. Grâce à l'effluve électrique, il combine le carbone et l'hydrogène, et il obtient l'acétylène ; de

l'acétylène, il passe à la benzine ; puis il produit d'autres carbures et même de l'alcool. La voie était ouverte ; on l'a suivie depuis et on a été

beaucoup plus loin. Ce n'était pas encore créer la vie, et il ne semble pas que nous soyons près d'un semblable résultat ; c'était seulement créer sans la vie ce

qu'on croyait que la vie seule pouvait faire. C'était cependant briser l'une des cloisons par lesquelles l'ignorance voulait diviser le monde en compartiments étanches ; l'univers semblait faire un pas vers l'unité. Berthelot sans doute se réjouissait à la fois et de sa découverte et de l'appui qu'il croyait y

trouver en faveur de ses convictions. Pasteur, au contraire, se réjouissait quand il avait montré ou cru montrer que la vie seule peut produire le pouvoir

rotatoire. Il était de l'autre côté de la barricade. On doit se féliciter qu'il y ait des savants de génie des deux côtés de la barricade quand ils

sont d'une absolue bonne foi. C'est tantôt un parti, tantôt l'autre qui remporte une victoire ; mais chacune de ces victoires est une conquête pour la science.

Henri POINCARÉ.

VI

L'AUSTRALIE.

Messieurs, je voudrais vous entraîner aujourd'hui avec moi, pendant quelques instants, dans un pays qui n'est pas extrêmement connu chez nous et qui mériterait cependant

de l'être, d'abord parce qu'il est toujours bon de connaître ce qu'on ne connaît pas, surtout dans une société savante, ensuite parce qu'il s'agit d'un pays

excessivement pittoresque et aussi parce que les intérêts français pourraient y trouver un champ de développement. Je veux parler de l'Australie, un gros continent

étendu comme environ les trois quarts de l'Europe ou comme quinze fois la France. Chose extraordinaire, ce continent immense n'a pas été découvert

sans peine. Des navigateurs sont passés au seizième siècle dans ces régions sans l'apercevoir. Un beau jour, un Hollandais l'a découvert tout à fait par hasard. Mais

en cette matière comme en bien d'autres, ce ne sont généralement pas les inventeurs qui tirent parti de leurs découvertes, et, peu de temps après, l'Australie

a été oubliée. Cet énorme continent a été perdu. La Hollande même n'a plus su où il était. Que l'on perde son porte-monnaie, que l'on perde son parapluie, que l'on perde même sa réputation, ce sont là des accidents journaliers sans aucune importance ; mais perdre un continent, c'est quelque chose qui

est fait pour étonner. Je ne voudrais pas dire du mal de la Hollande que je respecte infiniment ; mais voilà qui donne une singulière idée de la

distraction de ce peuple. Cependant, rassurez-vous : ce continent a été retrouvé... une centaine d'années plus tard. Il a été découvert de nouveau par un

grand navigateur anglais, naturellement ; car vous savez que les Anglais ont un talent particulier pour retrouver les objets perdus ou abandonnés par les

autres peuples. C'est donc l'Angleterre qui a reçu de l'histoire la mission honorable, dont elle s'est acquittée glorieusement, de coloniser ce pays.

VII

LES GRANDES VOIES NAVIGABLES.

L'une des causes principales de l'affaiblissement de notre marine marchande réside dans la dispersion des services qui la concernent, entre un trop grand nombre de départements ministériels ; la concentration de ces divers services est une mesure de première urgence. De cette réforme découlent toutes les autres. A la suite d'une enquête effectuée, il y a deux ans, en Angleterre et en Allemagne, le Gouvernement a été,

à son tour, appelé à reconnaître que ces deux grands pays ont sur nous une écrasante supériorité dans le commerce naval, parce que les pouvoirs

locaux ont à peu près la maîtrise complète de l'administration, de la préparation et de l'exécution des travaux d'extension et d'amélioration. Chez nous, au contraire, l'abus des formalités, la dispersion des compétences retardent tout. Le vice d'une pareille organisation saute aux yeux. Nous nous sommes attardés et nous avons laissé nos concurrents créer un outillage puissant qui nous fait défaut. Quelques améliorations à peine ont

été ou vont être réalisées à Cherbourg, Brest, Le Havre, Bordeaux ; mais tout cela est insuffisant : voilà la véritable cause de l'affaiblissement de notre marine marchande. Il faut agrandir, approfondir nos grands ports les pourvoir de l'outillage le plus moderne, le plus perfectionné ; il faudra aussi créer

de grandes voies navigables qui amèneront aux ports les marchandises : le canal latéral à la Loire, de Bâle à Nantes ; le canal latéral au Rhône, du

lac de Constance à Marseille ; le canal de jonction de Bordeaux à Montluçon. Comment hésiterions-nous, avec nos capitaux, à nous engager dans cette voie

féconde? L'œuvre est considérable, mais le résultat est certain. Il est temps de l'entreprendre au plus tôt si nous voulons sauvegarder les intérêts qui nous sont confiés.

VIII

LE GÉNIE FRANÇAIS.

La France est le pays de la clarté, de la persuasion, de la pénétration ; les voies de communication sont pour elle un de ses moyens de propagande

Et ne voyez pas là, messieurs, un argument de sentiment. Interrogez l'histoire, et voyez tout ce qu'elle a déjà fourni d'exemples au monde. Ses

vaisseaux ont servi de modèles, au dix-huitième siècle, à ceux des flottes anglaises. Nos routes sont célèbres dans le monde entier ; on les reconnaît comme des

routes françaises au premier coup-d'œil. Nos ingénieurs ont tracé jusqu'aux plans des villes dans le Nouveau-Monde, à commencer par le plan de Washington. Nous avons

créé l'industrie de la bicyclette, celle de l'automobile. Nous avons percé des isthmes, nous avons creusé des tunnels. Quant à la locomotion aérienne, n'oubliez pas, messieurs, que c'est du sol français que les montgolfières se sont élevées pour la première fois dans les airs, n'oubliez pas que c'est en France que

les Renard, les Santos-Dumont et tant d'autres ont fait ces premières expériences de ballons dirigeables qui nous ont émerveillés et qui ont fini par vaincre

le pessimisme et les défiances des sceptiques les plus réfractaires. Et maintenant voici que nous assistons aux efforts de toute cette légion d'aviateurs dont je ne puis même plus aujourd'hui faire l'énumération, tant je craindrais d'en oublier ! Eh bien, messieurs, il est impossible que le Gouvernement

se désintéresse de tels efforts ! Il est indispensable que le ministre, déclare catégoriquement que la France est

toujours la France et que c'est vers elle, vers ce foyer d'activité et de sympathie que peuvent toujours se tourner les regards de ceux qui cherchent et qui souffrent pour de

grandes idées. Dites, en un mot, que la France justifie toujours dans le monde entier la réputation qui lui a valu cette belle parole : « Tout homme a deux patries, la sienne et la France ».

IX

LES ORIGINES DE LA SCIENCE.

C'est un véritable effort d'imagination que nous avons à faire pour nous représenter les premiers hommes errants sur les hauts plateaux de l'Asie, leurs premières

migrations périlleuses à travers les steppes, à travers les monts, à travers les déserts, leur premier voyage en mer sur la première barque.

Quelle peine avons-nous aussi à nous représenter leurs premiers efforts intellectuels pour coordonner leurs premières observations et leurs premières

tentatives pour léguer à leurs successeurs les observations déjà faites dans les premiers balbutiements du langage ! Cette œuvre a duré des siècles

et nous n'en avons plus aucune idée, et si nous n'y prenions garde, nous serions tentés de croire que l'homme, à son apparition sur la terre, a trouvé

sous sa main un globe mappemonde déposé là par quelque divinité bienfaisante avec la manière de s'en servir. Mais il n'en est rien, cette

mappemonde, c'est l'homme qui l'a dessinée, c'est son œuvre, c'est sa conquête ; et c'est l'histoire de cette conquête, due à des efforts héroïques qui ont duré des

siècles, que je voudrais vous conter. Lorsque l'homme s'est dressé pour la première fois sur ses deux pieds, lorsque, comme dit le poète, il a levé son regard vers le ciel et tenu son visage regardant les astres, quelle conception a-t-il eue du monde qui l'entourait ? Pour nous en rendre compte, nous n'avons qu'à nous

représenter par la pensée la conception qu'un enfant très jeune, qui n'a pas encore subi la pression de l'éducation, peut avoir en voyant le ciel et la

terre. La terre lui apparaît comme un grand disque, comme un plateau circulaire surmonté d'une voûte qui est le ciel. Le monde a un haut et un bas : en

haut, ce qui est au-dessus du plateau, en bas, ce qui est au-dessous. Tous les corps tombent de haut en bas, c'est-à-dire qu'ils tendent à passer du dessus du plateau au-dessous.

Paul Painlevé.

X

Plantation de mûriers

Si vous ne nous accordez pas le relèvement de la prime, si vous ne permettez pas au sériciculteur d'améliorer son outillage, de faire des plantations,

vous ne lui donnerez pas un encouragement pouvant le déterminer à un effort décisif et vous n'aurez rien fait : la sériciculture se

traînera misérablement, elle périclitera ; elle sera encore en perte et contrainte à ne pas pouvoir payer sa propre main-d'œuvre. Voilà ce que

vous aurez fait. Tandis qu'avec l'essor qu'elle prendrait par un encouragement efficace, vous lui donneriez l'énergie que nous voulons rendre à notre

sériciculture, qui a été près de mourir et qui vit à peine. J'ajoute que, ce faisant, vous apporteriez en même temps une solution heureuse

à une question qui vous préoccupe, assurément : vous conjureriez dans une certaine mesure la crise viticole. En effet, il fut un temps où

on a eu, dans nos régions, la témérité, la folie d'arracher des mûriers pour planter de la vigne ; on a aujourd'hui la sagesse d'arracher la vigne

pour planter des mûriers. Ce mouvement de plantation des mûriers est très accentué depuis ces dernières années. Eh bien ! si on arrache la vigne pour planter des mûriers, là où cette culture est possible, on diminue la production viticole, on allège le marché des vins, par conséquent, on diminue

la surproduction, qui abaisse les prix des vins, et par là même on porte secours à la viticulture. Vous ferez ainsi une œuvre économique

d'ordre général qui, me semble-t-il, devrait vous émouvoir et vous déterminer à accepter nos propositions. Tous les représentants de l'industrie soyeuse, depuis les tisseurs lyonnais, les filateurs

sériciculteurs, se sont trouvés d'accord, malgré des intérêts souvent contraires, pour demander que les primes à la sériciculture soient portées à 75 centimes.

XI

Création de maisons de commerce françaises aux Indes

Il est absolument indispensable pour nous de créer aux Indes des maisons de vente où nous enverrons des agents français qui consommeront et feront connaître

les produits du pays. Il n'est pas difficile, en effet, de remarquer que partout où il y a des Allemands, on boit de la bière et on chausse des bottes ;

partout où il y a des Français, on boit du vin et on chausse des bottines vernies. Ces maisons de vente, qui pourront s'organiser très facilement, nous permettront

de mettre nos industriels au courant des affaires qui peuvent être traitées dans le pays. Mais nous devons bien nous persuader qu'il est temps de changer nos

méthodes. Autrefois, et pendant longtemps, on venait chercher nos produits et nous voulions bien les vendre. Mais aujourd'hui la situation est modifiée.

Il faut aller au devant du client. Je ne dis pas qu'il faille le solliciter bassement, mais il faut lui faire des avances. D'ailleurs en tout il faut changer de

méthode et je me rappelle un mot d'un homme célèbre qui disait : « Lorsqu'on crée une institution, une méthode, un système, il faudrait pouvoir y

mettre un pétard de dynamite qui éclaterait cinquante ans plus tard ». Nos habitudes se sont déjà bien modifiées grâce à notre expansion coloniale, et vous ne sauriez croire quelle satisfaction nous avons éprouvée à voir à l'étranger, dans ces cinq dernières années, plus de Français

que l'on n'en y voyait autrefois en cinquante ans. Nous avons, il est vrai, commis quelques erreurs, mais qui n'en commet pas ? Mais ce sont des erreurs généreuses et qu'il est

honorable pour une nation d'avoir commises. Maintenant que tous les combats sont livrés, toutes les difficultés vaincues, maintenant que, devant nous, la route s'ouvre

large et spacieuse, nous pouvons avoir confiance et nous dire que l'avenir nous appartient.

XII

L'Uruguay

L'industrie sucrière en Uruguay est d'autant plus intéressante pour nous qu'elle y a été importée par nos compatriotes. Ce sont des Français qui

commencèrent à demander au Gouvernement des faveurs spéciales pour l'importation de produits de nos raffineries nationales. Ils ont ensuite

essayé d'acclimater la betterave dans le pays. Il faut dire qu'il leur a fallu beaucoup de courage pour se lancer dans cette entreprise ; car,

jusqu'à ce jour, en aucune partie de l'Amérique, on n'a réussi d'autre culture que la culture extensive. Ils ne se sont cependant pas découragés

puisqu'on trouve aujourd'hui en Uruguay 1200 hectares plantés en betteraves. Les ingénieurs, les ouvriers d'usine et des champs, les graines, les

machines, tout a été importé de France. On ne peut pas savoir encore quel sera le résultat de ces efforts et si des bénéfices suffisants viendront

récompenser de tant de sacrifices qui auraient pu être portés avec plus de chance de succès sur une autre entreprise. Il était cependant

utile de signaler cet effort de nos compatriotes. Comme tous les pays américains, l'Uruguay a voulu avoir le plus d'industries possible et il s'est

appliqué à les faire vivre au moyen de barrières douanières extrêmement élevées. C'est ainsi que maintenant ce pays a la satisfaction

de posséder une chapellerie, une verrerie et une fabrique d'allumettes. Ces industries ne rapportent pas de grands bénéfices ; mais elles donnent au pays une sorte de satisfaction nationale que nous ne saurions blâmer. Le montant total des exportations de l'Uruguay s'élève

à 150 millions de francs par an, alors que ses importations ne dépassent pas 125 millions. La balance est donc toute en sa faveur.

XIII

CONSTRUCTIONS NAVALES

Vous savez que les diverses sociétés de constructions navales et de matériel de guerre se sont formées en syndicat. Le but avoué est d'obtenir

des pouvoirs publics ce qu'on appelle une plus juste répartition des commandes entre l'industrie privée et les ateliers de l'Etat ; en fait, cette association,

véritable coalition de fournisseurs, a supprimé toute concurrence. On a parlé de recourir à l'industrie privée. Je ne suis pas partisan

de ce système. Il offre de sérieux inconvénients au point de vue de la défense nationale. Il impliquerait d'ailleurs que nous sommes incapables

d'égaler les autres nations dans l'organisation de notre production ; je ne veux pas l'admettre. On a proposé un second moyen qui ne me satisfait pas

davantage. Comme les sociétés de construction se répartissent entre elles les commandes et que chacune d'elles ne soumissionne que les bateaux

qu'elle désire construire, on a dit qu'il faudrait ne mettre en adjudication simultanément qu'un nombre de bateaux inférieur à celui des chantiers

pouvant les construire. Il y aurait ainsi une sorte de rivalité entre les sociétés. Ce procédé me parait empirique et enfantin

surtout, car il est bien certain, si on le mettait en usage, que les compagnies établiraient entre elles un roulement. Une société se présenterait seule

à l'adjudication d'un travail de son choix ; les autres n'interviendraient pas, leur tour étant, d'un commun accord, réservé pour une commande suivante.

Messieurs, pour que l'État soit en mesure de lutter contre les exigences des sociétés de construction, il n'est qu'un moyen efficace : c'est de mieux organiser

nos arsenaux, c'est d'assurer leur fonctionnement, d'y développer le travail afin d'obtenir un rendement meilleur et à meilleur compte que celui de l'industrie privée.

XIV

Jusqu'en 1904, le trafic du port de Bordeaux était demeuré stationnaire ; il s'est brusquement relevé en 1905 et, depuis cette époque,

la marche croissante a été continue. Les causes de cette augmentation doivent être cherchées non pas tant dans le commerce général que dans le développement

industriel très remarquable qui s'est produit à Bordeaux même. De nombreuses usines se sont construites, notamment pour la fabrication des produits

chimiques et pour le traitement des minerais. Elles reçoivent par mer leur combustible et leurs matières premières et exportent par la même voie

une partie de leurs produits. Il importe donc d'exécuter au plus vite les travaux reconnus indispensables. Partout ce sont les même questions qui se posent

sous des formes différentes ; et partout nous luttons, je ne dirai pas contre la même inertie — le mot dépasserait ma pensée — mais contre trop de timidité

dans la conception, trop de lenteur dans l'exécution. C'est à peine si on consent à établir le programme d'aujourd'hui : or, dans ces matières, ce n'est pas le

programme d'aujourd'hui qu'il faut faire, c'est celui de demain, c'est celui d'après-demain ; ce qu'il faut arrêter aujourd'hui, c'est le programme qui sera valable

dans cinq ans, au moment où l'Amérique sera en état d'ouvrir Panama. Voilà pourquoi il faut aller plus vite. De deux choses l'une : ou nous aurons la liberté

par le vote prochain de la loi de décentralisation, et alors je ne demande rien à personne, je ne compte que sur nous-mêmes si nous sommes

libres, ou bien nous subirons un certain retard dans le vote de cette loi de décentralisation, et alors je prie M. le ministre de prendre en

considération nos vœux, nos espérances, et de nous aider de tous ses moyens à les réaliser promptement.

XV

La situation de notre commerce extérieur, fournie par des statistiques officielles, est très satisfaisante. En 1909, il a atteint la

somme énorme de 11 milliards 964 millions. C'est le chiffre le plus fort que la France ait jamais connu. Il est supérieur de

1 milliard 300 millions à celui de l'année précédente et de 2 milliards 900 millions à celui de 1905. La progression est donc constante

et rapide. Notre trafic avec nos colonies est aussi en notable augmentation et nous recueillons les fruits de l'œuvre accomplie par la République

qui a créé notre vaste empire d'outre-mer. En 1909, nous avons acheté à nos colonies pour 720 millions, au lieu de 589

millions en 1905 et nous leur avons vendu pour 670 millions au lieu de 450. Le total de nos échanges s'élève à

1 milliard 400 millions. Ainsi, par cette constatation, il apparaît, dit le « Petit Parisien », que le commerce national est en grande augmentation

et que la richesse française poursuit une marche ascendante. Cet élément si précieux de la prospérité générale publique implique

la nécessité de ne pas reculer devant les sacrifices nécessaires pour favoriser ce mouvement commercial. Il faut absolument donner à nos

ports l'outillage moderne qu'ils n'ont pas et que possèdent les étrangers. Créer des bassins nouveaux, rendre l'accès possible aux plus gros navires, en creusant assez

les entrées pour permettre aux géants actuels de la mer d'y pénétrer, avoir de vastes cales de radoub, mettre sur les quais tous les moyens pour le chargement et

le déchargement rapides, y amener des voies ferrées, tout cela s'impose, car l'effort est le prix du succès et il faut semer pour récolter.

XVI

MARINE MARCHANDE.

Guillaume II, appliquant sa volonté souveraine aussi bien aux réalisations économiques qu'aux réformes politiques, aiguillait un jour l'activité de son peuple en disant avec la solennité qui le caractérise : « Notre avenir est sur mer ». Renchérissant, le prince de Bülow ajoutait bientôt : « Les peuples qui ne grandissent pas sur mer sont relégués à l'arrière-plan de la scène du monde comme des figurants ». Et, tenant vigoureusement la main

à écarter cette phophétie menaçante, il entretenait et poussait, de tout le poids des forces gouvernementales et administratives, si puissantes

outre-Rhin, la fièvre allemande des armements à outrance. On peut aujourd'hui juger des progrès et mesurer le chemin parcouru. La France, hélas !

baignée par quatre mers, au bord d'un continent qui comprend deux parties du monde, en face des deux Amériques et à deux pas de l'Afrique, presque désignée par la

nature même pour être comme le magasin universel, le canal des échanges et du transit du monde entier, avec des populations côtières

vaillantes et inlassablement prêtes à l'action, la France ne grandit pas sur mer. Sa marine marchande périclite. Par quatre lois successives,

nous avons tâché, au moyen de primes, d'arrêter cette décadence. Hypnotisés par le souci de son relèvement, nous n'avons pas songé que nous n'envisagions

qu'une partie du problème. L'utilisation d'une flotte est subordonnée à la possibilité de charger et de décharger aisément ses marchandises.

Il y a un lien indissoluble entre le navire et le port. Donner des primes à l'un et ne pas assurer le bon fonctionnement de l'autre, c'est

détruire d'une main ce qu'on fait de l'autre. Il est donc nécessaire, si l'on veut que notre marine tienne son rang dans le monde, d'améliorer nos ports.

Gammes à 110 mots.

Nombre de répétitions :

1ʳᵉ, 2ᵉ et 3ᵉ *gammes, 30 répétitions*
4ᵉ, 5ᵉ et 6ᵉ   —   25   —
7ᵉ et 8ᵉ   —   20   —

1

LE DÉVELOPPEMENT DES DÉPENSES PUBLIQUES

Nous sommes tout prêts à reconnaître la grandeur et l'utilité de la conception de la Révolution française en matière d'impôts. Mais je dis que cette conception est

surannée et qu'elle ne répond plus aux nécessités présentes pour deux raisons maîtresses. La Révolution, au moment où elle a institué le système des

contributions directes, s'est abandonnée à une double illusion : elle a cru d'abord que l'avènement politique de la nation, que l'avènement de

la souveraineté nationale, du régime représentatif, allait diminuer ou arrêter les dépenses publiques ; elle s'est imaginé, suivant la formule,

suivant le rêve de Rousseau, que l'avènement de la nation, du peuple au pouvoir, allait inaugurer pour les États comme pour les particuliers, la vie sobre,

la vie à bon marché et que le système des quatre contributions suffirait à alimenter à peu près indéfiniment les dépenses publiques. La Révolution s'est

imaginé qu'avec le produit des quatre contributions directes, elle pourrait alimenter indéfiniment ses budgets, sans être obligée de recourir aux impôts de consommation. C'est là une première illusion que l'expérience a dissipée. L'expérience a démontré que les démocraties — il faut dire la

vérité et elle est tout à l'honneur de notre démocratie — ne sont pas des gouvernements à bon marché. Quand une nation, une nation entière, arrive au pouvoir,

quand elle a le droit d'exprimer ses besoins et surtout ceux des plus humbles, quand elle est obligée d'organiser l'assistance pour tous, des travaux publics très vastes, l'instruction

pour tous, il est inévitable que les dépenses publiques se développent. L'avantage des démocraties n'est pas de dépenser moins, c'est de dépenser mieux. Il n'est rien de

frappant, à ce point de vue, comme la surprise qu'éprouvèrent les financiers de la Révolution, de voir le budget de la France augmenter malgré la suppression de dépenses parasites.

II

LES FABRIQUES FRANÇAISES DE SAVON ET D'HUILE

Je m'excuse d'avoir fait passer tous ces chiffres devant vos yeux ; mais ils démontrent, à n'en pas douter, que, sur le marché étranger, notre industrie savonnière est placée dans un état

d'infériorité et que les divers pays que j'ai cités se sont ménagé ainsi le développement des fabriques de savon qui leur manquaient ; c'est sur l'exemption de la matière

première qu'ils ont fondé leurs industries. Voilà pour la savonnerie. Mais la grande pourvoyeuse de cette industrie, c'est l'huilerie ; c'est elle qui fournit les matières premières

les plus importantes pour la fabrication du savon. L'huilerie est une des industries qui, dès 1891, demandèrent en France la franchise de la matière

première ; mais on peut dire que, lors des débats de cette époque, l'huilerie se trouvait encore à un tournant de son histoire ; sa fortune n'était pas aussi profondément

engagée qu'aujourd'hui. Si, en 1891, elle s'était trouvée en face d'une décision du Parlement frappant ses matières premières, ou elle ne se serait pas développée, où elle se serait développée médiocrement ; dans tous les cas elle n'aurait pas pris le développement qu'elle a aujourd'hui atteint. A quoi donc est-il dû ? Mais à vous, messieurs,

à la situation que vous lui avez faite en 1891. Vous avez alors exempté ses matières premières, et tous ceux qui s'intéressaient de près ou de loin à cette

industrie, surtout sur la place de Marseille où s'importent des graines exotiques, tous y ont aventuré leur fortune. Ils l'ont portée à un haut degré d'intensité, si bien

— je pourrais vous le prouver par des documents officiels — qu'elle nous est enviée par les pays étrangers. Il serait facile ici d'évoquer le souvenir d'une enquête faite

en 1903 par la commission des douanes et au cours de laquelle des fabricants d'huile dont les usines venaient d'être, à Marseille, détruites par des incendies, ont

apporté la preuve que des offres brillantes leur étaient adressées par la Hongrie, pour les décider à y transporter leur industrie.

III

LES CRISES DE LA VITICULTURE

Le problème de la crise viticole est-il vraiment aussi simple qu'on veut bien le dire ? La fraude est-elle la cause absolument unique de tout le mal ? Je suis

malheureusement obligé de répondre : non ! Les crises viticoles datent, si j'ose dire, de la plantation même de la vigne. Un grand économiste anglais de la fin du

dix-huitième siècle, constatait dans un livre fameux que la vigne, en France, enrichissait et appauvrissait tour à tour ceux qui la cultivaient. Elle les enrichissait lorsque les

récoltes étaient réduites ; elle les appauvrissait lorsqu'elles étaient abondantes. Il faisait de plus cette constatation curieuse qu'aux époques de misère correspondaient

des époques de douce température printanière et qu'aux époques de prospérité correspondaient des époques de température rigoureuse, anéantissant les vignobles partout ailleurs que dans les régions éternellement propices à la culture de la vigne. Au siècle dernier, les crises viticoles se sont succédé avec

une régularité désespérante, pour aboutir à la plus longue et à la plus cruelle des crises, celle qui a causé la ruine actuelle de tous les départements

du Midi et qui menace de ruiner successivement tous les départements viticoles. Et toujours les mêmes plaintes, toujours les mêmes doléances montent vers les pouvoirs publics.

Elles se reproduisent avec une fidélité photographique, et si je vous lisais les pétitions adressées au roi Charles X, à Louis-Philippe et à tous les

gouvernements qui se sont succédé, vous jureriez qu'elles sont écrites par les vignerons de nos jours. Les crises viticoles sont donc de tous les temps. Pourquoi ? C'est que la vigne, plante

capricieuse et fragile, donne, d'une année à l'autre, des rendements tout à fait irréguliers, la production passant brusquement de 26 millions à 50 et 70 millions

d'hectolitres, c'est-à-dire du simple au double et même au triple. Comment admettre, dans ces conditions, que la consommation puisse se prêter aux caprices de la production ?

IV

LES FRAUDES SUR LES VINS

Il ne faut pas avoir vécu à Paris, il faut ne pas avoir fréquenté toutes les classes de la société dans cette prodigieuse agglomération de l'immense ville, pour ne

pas savoir que du haut en bas de l'échelle sociale, on prend acte de nos propres aveux pour repousser avec mépris les produits merveilleux de nos coteaux et de nos plaines

ensoleillées, produits représentés par nous-mêmes avec une ardeur infatigable comme le résultat monstrueux d'une vague chimie. Il faut ne pas avoir consulté les

consommateurs de l'Est, du Centre et de l'Ouest pour ne pas savoir que nous avons perdu le marché de ces régions, non pas seulement parce que ces régions produisent d'abondantes récoltes à faible degré, mais parce qu'auparavant elles achetaient nos vins pour remonter les leurs en degré alcoolique. Aujourd'hui, ces régions préfèrent remonter leurs vins

avec du sucre et elles produisent ainsi, par fraude quelquefois, des vins de double et triple cuvée. Fraude pour fraude, elles préfèrent celle qu'elles font à celle que nous

leur offrons Il faut ne pas avoir lu le cours des vins pour ne pas savoir que, depuis quelques semaines, depuis qu'on a institué ce débat sur les fraudes, les prix ont baissé et il faut

ne pas avoir consulté l'administration générale des chemins de fer de l'Hérault pour ne pas savoir que, cette année-ci, la circulation des vins sur les chemins de fer d'intérêt

local, qui avait déjà diminué, est, depuis trois semaines, presque réduite à zéro. Voilà la vérité. Les théoriciens de la crise viticole par l'unique

effet de la fraude, ont également oublié que, non seulement le Gouvernement la réprime énergiquement, d'après leur propre aveu, mais qu'ils ont fermé pour l'avenir

toutes les portes à nos futures revendications. La Chambre et le Gouvernement auront beau jeu pour nous répondre : Nous avons, selon vos désirs et selon vos injonctions, rendu

la fraude à peu près impossible et, dans tous les cas, inopérante ; la crise viticole ne doit plus exister, que voulez-vous de plus ? Passez, nous avons déjà donné !

V

LE RÉGIME DES PRIMES

Si vous vouliez quand même faire un sacrifice transactionnel en faveur des intérêts qui apportent cette ardeur et cette insistance dont nous avons tous pu être les témoins

au cours de cette séance, il y a un moyen On n'a pas parlé des lins au cours de cette discussion : les lins sont protégés par une prime ; s'il paraissait démontré que le

colza pût être sauvé, si vous croyiez qu'il fût de l'intérêt de la fortune publique nationale qu'il fût sauvé, — autant de questions qui sont jugées pour moi mais que d'autres réservent

peut-être encore à leur examen — si vous pensiez, je le répète, que ce sauvetage offrît quelque intérêt et méritât quelque sacrifice, alors instituez une prime.

Je suis, pour ma part, moins défavorable aux primes qu'aux droits de douane ; j'estime que la prime constitue un moyen de protection plus équitable, plus limité,

plus adéquat à la situation de ceux que l'on veut protéger ; elle a cet avantage qu'elle apporte un secours direct, immédiat, sans incidence aussi grave sur les

activités voisines, sans répercussion sur les industries étrangères à la question. Cette prime doit être une somme unique, toujours la même ; il en résulte

qu'elle se répartit et se morcelle au prorata du développement et de la prospérité de ceux que l'on veut protéger. Lorsqu'elles sont peu nombreuses, les parties prenantes

se trouvent par ce fait même plus favorisées ; lorsqu'elles prospèrent et deviennent plus nombreuses, le même total se fractionne entre leurs mains, il leur forme des dividendes plus

légers en représentation d'une subvention atténuée et décroissante. C'est le jeu normal d'une protection plus logique, puisqu'elle perd en intensité ce qu'elle gagne

en étendue et que l'encouragement diminue à mesure qu'il a été plus efficace. S'il vous plaisait de renvoyer la question à l'étude de la commission pour l'examen

d'un régime de primes, vous pourriez rallier dans cette Chambre une majorité qui, je l'espère, ne s'y rencontrera pas pour commettre un attentat industriel.

VI

PUISSANCE DES PHÉNOMÈNES ÉCONOMIQUES

Ne dites pas que ce seraient les patrons qui payeraient ; vous savez bien qu'en pareille matière, les salaires des ouvriers, les bénéfices des patrons et les frais généraux sont des

vases communiquants. Vous ne pouvez rien retirer de l'un que le niveau de l'eau s'abaisse dans les autres ; c'est une répercussion fatale. Vous aurez beau écrire dans vos lois

les dispositions les plus rigoureuses, les plus impératives, les ordres les plus formels, vous ne vaincrez pas la nature des choses et vous n'y pourrez rien ; les phénomènes économiques sont plus forts que le législateur. Vous l'avez bien vu : ils ont été, sous la Révolution, plus forts que le Comité de Salut public, que la guillotine elle-même.

On n'a rien pu faire, par toutes les lois qui ont été votées, contre les principes économiques. Car ces principes ne sont pas sortis de la pensée des hommes, mais ils sont des lois

naturelles qui s'appliquent dans le domaine économique, comme la loi de la chute des corps dans le domaine de la physique et de la mécanique. Vos irritations,

vos passions n'y peuvent rien ; les choses sont ainsi et personne ne les changera. Si vous faites ce prélèvement sur l'industrie de votre pays, dans quelle situation la mettrez-vous

par rapport aux industries concurrentes ? Messieurs, vous avez certes raison de chercher un adoucissement à la douleur humaine ; vous avez certes raison de vouloir combattre

la misère ; je suis pleinement d'accord avec vous. Mais qui donc peut concevoir cette étrange politique qui consisterait à désirer le malheur public ? qui donc ne souhaite

pas d'apporter un soulagement aux souffrances des déshérités de la fortune ? Toute la question est de savoir quels moyens il faut prendre et si ceux que vous proposez sont les bons.

Vous êtes convaincus que votre système serait efficace et que, par votre organisation de retraites obligatoires, non pas telle qu'elle existe dans certains pays,

mais telle que vous l'avez conçue, vous obtiendrez des résultats heureux pour l'ensemble de la nation. Je comprends fort bien que vous ayez cette conviction.

VII

LES RÉFORMES BUDGÉTAIRES

On espérait, grâce au trouble et à l'inquiétude que l'on ferait naître, persuader au public que la République est responsable des charges qui pèsent sur nos budgets. Il

serait trop facile, en effet, de reproduire la démonstration faite tant de fois que notre situation financière est due à des causes bien antérieures à la

République, qu'elle tient à des pratiques, à des procédés financiers qui se continuent depuis près d'un siècle et dont on retrouverait peut-être l'origine dans les traditions

encore ininterrompues de l'ancienne monarchie, à des erreurs et à des fautes politiques commises sous tous les régimes précédents et notamment sous le second

Empire, et que les uns et les autres se traduisent dans nos budgets par une dette énorme et par des dépenses militaires qui ont doublé d'un régime à l'autre. Il en

résulte naturellement de grandes difficultés. Sans doute, pour sortir de ces difficultés qui, si l'on n'y portait remède, ne pourraient que s'aggraver avec le temps, avec

les besoins nouveaux qui se produisent, il faut faire des efforts considérables, il faut reviser les méthodes, détruire les abus, simplifier les services, veiller à ce que

les ressources des contribuables soient employées avec ordre et intelligence, afin de produire tous leurs fruits, avec une économie rigoureuse pour épargner

aux budgets toutes les charges auxquelles on peut les soustraire. Mais est-ce que la République n'aurait rien fait pour y aider ? Est-ce que, s'il reste beaucoup d'efforts à faire, cependant

il n'en a pas été fait qui ne furent pas tout à fait stériles ? Messieurs, on paraît le contester. Il faut donc y revenir. Au surplus, c'est une occasion excellente de

préciser notre situation financière et de montrer ce qui reste à faire pour donner à nos finances toute la force, toute l'efficacité, toute la puissance

que réclament les besoins et les intérêts du pays, tels du moins que doit les comprendre un Gouvernement véritablement digne de ce nom.

VIII

LA NAISSANCE DE LA MUTUALITÉ

M. le Président de la République, mesdames, messieurs, plus heureux cette année que je ne l'avais été l'année dernière, il m'a été permis de répondre à l'invitation que votre grande Association a bien voulu m'adresser. Je lui en exprime ma plus profonde gratitude. S'il est vrai, comme on l'a rappelé tout

à l'heure, que, dans la mesure de mes forces et pour ma très faible part, j'ai contribué à l'admirable essor que la mutualité a su prendre dans ces vingt dernières

années, il n'est pas pour moi de récompense plus haute, meilleure et plus précieuse que la sympathie que les mutualistes ont bien voulu me témoigner dans chacune

de leurs réunions. On rappelait tout à l'heure que M. le président de la République avait voulu se rendre au milieu de vous en simple mutualiste ; c'est

à ce titre également que, depuis trois années, j'ai assisté à toutes les assises ou solennelles, ou familières, de la mutualité, et je ne veux devant

vous d'autre recommandation que celle qui s'attache à ma qualité de mutualiste non pas seulement théoricien mais pratiquant résolu. La mutualité

restera le fait social le plus considérable qu'ait enregistré le dix-neuvième siècle ; elle le défendrait au besoin devant l'histoire ; et la gloire qui lui

en revient, ne fera, j'en suis assuré, que grandir au fur et à mesure qu'on en verra se multiplier les merveilleux effets. La mutualité, en effet, est bien son

œuvre et par là elle a préparé la plus admirable évolution économique dont nous pouvons aujourd'hui constater l'importance et qui témoigne de la

supériorité de l'action sur le rêve. Ce sera l'honneur de la période historique qui commence à la fin de la Restauration et qui s'étend jusqu'à nos jours

que d'avoir concentré l'attention des hommes sur la recherche des moyens les plus propres à rendre moins dur, moins incertain ce qu'on a appelé le combat pour la vie.

IX

L'ESSOR DE LA MUTUALITÉ

Chaque jour on voit éclore des systèmes nouveaux. Tous se succèdent animés du même esprit philanthropique et tous, hélas ! semblent condamnés au même échec, en sorte qu'un observateur, ou superficiel, ou sceptique, ne manquerait pas de conclure que le sort de l'homme est définitivement fixé, qu'il est condamné à subir toujours les

mêmes servitudes et à porter la même chaîne toujours aussi lourde. Mais, pendant qu'à la surface apparente des choses, tant d'efforts n'aboutissaient qu'à des échecs, un travail

silencieux s'élabore, l'œuvre que nous allons tout à l'heure voir naître, grandir, se développer définitivement, est ébauchée. Un petit nombre d'hommes appartenant

à une même corporation se réunissent ; ils entreprennent de se venir en aide ; ils parlent peu de fraternité ; mais ils font mieux que d'en parler, ils la mettent en pratique.

La formule exacte des sociétés de secours mutuels est maintenant trouvée. L'activité qu'elles déploient, les résultats qu'elles obtiennent, fixent l'attention. On suit

maintenant leur exemple. L'association entre dans ce que j'appellerai le mécanisme normal de la vie. Elle entre bientôt dans la législation

elle-même. La caisse nationale des retraites pour la vieillesse est fondée. On voit s'instituer dans la pratique les assurances en cas de décès, les pensions

de retraite, les secours à la vieillesse ; et maintenant c'est à pas de géant que la mutualité poursuit sa marche. En voulez-vous une preuve éclatante ? Pour ne

citer que les chiffres de la dernière statistique, celle arrêtée au commencement de 1902, voici qu'à l'heure où je parle, il y a en France 2 millions 750.000

mutualistes. Quand on contemple ce résultat, si on réfléchit surtout qu'il a été, pour la plus grande part, conquis en moins de trente années, on a le droit de

dire sans être téméraire que la mutualité aura, dans l'ordre social, accompli la révolution pacifique la plus féconde qu'aient enregistrée les annales d'un peuple.

HUITIÈME SÉRIE

Gammes à 120 mots

Nombre de répétitions :

    1re, 2e et 3e *gammes*, 30 *répétitions*
    4e, 5e et 6e   —   25   —
    7e, 8e et 9e   —   20   —

I

DÉVELOPPEMENT DE LA RICHESSE PUBLIQUE ET SES CONSÉQUENCES.

Les faits, tels qu'ils sont connus jusqu'au moment de l'évolution humaine où nous sommes, prouvent que le meilleur moyen de soulager la douleur et de diminuer la misère n'est pas de chercher des

institutions artificielles pour venir en aide directement et immédiatement à cette misère. Je ne prétends pas — ne me faites pas dire ce que je ne dis pas et ne pense pas — qu'il ne

faut pas venir en aide immédiatement et directement à ceux qui souffrent ; cela est entendu : mais je dis qu'il s'agit de savoir comment, Turgot lui-même avait dit, bien avant la Révolution

française, que venir en aide à ceux qui souffrent est le devoir de tous ; mais il n'avait pas dit : c'est le devoir de l'Etat. — Il avait dit — c'est une autre conception toute

spéciale — que c'est le devoir de chacun. En définitive, venir en aide à la misère c'est augmenter la richesse publique. Avec quoi vient-on en aide, sinon avec la richesse

préexistante ? Plus vous favorisez le développement de cette richesse générale, plus vous venez, par voie de répercussion immédiate et nécessaire, en aide aux classes les moins heureuses.

Ce développement de la richesse, vous le favorisez en facilitant les conditions du travail et non pas en les compliquant, en faisant surgir des obstacles toujours nouveaux devant l'industrie,

le commerce, le travail, l'énergie humaine, en faisant peser chaque jour de nouvelles charges par des conceptions arbitraires nouvelles, par des systèmes arbitraires sur les épaules de

ceux qui dirigent le travail, sur les épaules de ces chefs d'industrie, de commerce, de ces patrons enfin, grâce à l'intelligence, à l'effort, à l'habileté desquels le travail des salariés

devient fécond, tandis que ceux qui ne disposent que de leurs bras, seraient bien souvent impuissants sans le concours de celui qui apporte sa pensée. C'est par le développement

de la richesse publique que vous viendrez véritablement en aide à la misère ; mais si, au contraire, sous prétexte de la soulager directement vous mettez en œuvre les moyens qui

alourdissent le travail, qui l'arrêtent surtout dans sa marche concurrencée par les rivaux étrangers, alors vous tournez le dos au but que vous voulez atteindre.

II

Situation financière de la France.

Il suffit, messieurs, de remonter par la pensée à 1883. Notre situation financière avait été tellement aggravée par les événements de 1870, par les frais de

la guerre, par le payement de l'indemnité, par la nécessité de refaire notre matériel militaire et naval, de reconstruire nos frontières détruites, de renouveler notre

outillage économique, de vulgariser et de répandre notre patrimoine intellectuel et moral, que brusquement nos budgets étaient passés de 2 milliards à 3 milliards 800 millions

Depuis cette époque, des dépenses considérables étaient naturellement couvertes par l'emprunt ; les facultés contributives du pays n'y auraient pas suffi. D'autre part, au milieu des difficultés où nous nous débattions, il n'avait pas été possible de réviser les procédés financiers anciens, et, comme sous les autres régimes, des sommes considérables continuaient

à figurer dans des budgets extraordinaires, comptes de liquidation, comptes spéciaux apparents ou occultes dont on ne connaissait les véritables chiffres qu'après plusieurs années. Il faut

ajouter, d'ailleurs, que la grande société économique qui s'était produite à la suite de la suspension de la production pendant la guerre, activité qui s'était continuée longtemps

après, sous l'influence d'un admirable développement de toutes les forces productives du pays, avait fait surgir des plus-values budgétaires considérables, qui inspiraient alors

une confiance et un optimisme sans bornes. Tout à coup, éclata une de ces crises économiques analogue à celle que nous venons de traverser, mais rendue singulièrement

plus dangereuse par une crise simultanée très grave du marché financier. Quand on vit que les recettes s'effondraient, qu'il allait falloir encore augmenter les emprunts qui se continuaient

depuis trop longtemps, et que les plus-values budgétaires qu'on avait escomptées jusque-là comme une ressource certaine devant se produire sans interruption d'une manière régulière

et en quelque sorte mathématique, que ces plus-values budgétaires allaient disparaître et qu'on n'aurait même plus de quoi faire face à l'intérêt des emprunts nouveaux, la surprise fut grande.

III

IMPORTANCE DE L'ENSEIGNEMENT TECHNIQUE.

Messieurs, je déclare ouverte la session du conseil supérieur de l'enseignement technique. Votre session sera très chargée ; vous aurez, en effet, à vous préoccuper d'un certain nombre de

problèmes qui ont acquis à l'heure présente la plus haute importance. Je ne veux pas aujourd'hui prononcer de discours solennel et je n'ai pas à rappeler au milieu de vous le développement de plus en plus grand que prend l'enseignement technique. Mieux que quiconque, vous savez, en effet, que si la culture générale de l'esprit est une préparation nécessaire à toute

étude approfondie, la spécialisation de l'enseignement devient, par le fait même de l'âpreté de la concurrence, une nécessité de plus en plus impérieuse. C'est assez dire

combien le développement de l'enseignement technique s'impose à nous dans la lutte qui s'est engagée, dans le rude assaut que nous livrent les nations concurrentes sur le champ de bataille

économique ; il est certain que la victoire restera à celui qui sera le plus instruit. Le développement de l'enseignement technique doit donc nous préoccuper au premier degré. Du

reste, il suffit de jeter un regard sur les pays qui nous environnent, de voir les efforts qui y sont faits, de constater les résultats auxquels on est arrivé pour que nous nous rendions compte

d'une façon exacte de l'énormité de l'effort qui nous reste à accomplir. Si nous pouvons nous féliciter des résultats qui ont été déjà acquis chez nous, et de l'essor nouveau et consolant

qu'a pris depuis une quinzaine d'années, le développement de l'enseignement technique, il ne faut pas nous dissimuler que nous sommes encore loin d'avoir réalisé complètement

l'œuvre que nous avons entreprise, combien nous avons encore à faire, non seulement pour atteindre le degré où nous voudrions arriver, mais encore pour qu'on ne puisse plus dire que nous

sommes distancés par nos rivaux et nos voisins. Au cours de cette session, vous aurez à vous occuper d'un certain nombre de questions très intéressantes, qui touchent à l'organisation des écoles

d'arts et métiers ; vous aurez à voir si l'enseignement qui y est actuellement donné, ne doit pas être quelque peu relevé au point de vue du français, de l'histoire et de la géographie.

IV

LE SERVICE DES TÉLÉGRAPHES ET DES TÉLÉPHONES.

Messieurs, en déposant mon interpellation, je n'ai pas eu pour but de formuler à la tribune les plaintes multiples et variées auxquelles le service téléphonique a donné et donne

toujours lieu. Les doléances du public, si justifiées soient-elles, ne sauraient, à mon sens, faire l'objet d'une interpellation. Je ne dresserai donc pas ici le martyrologe des abonnés

du téléphone. Une interpellation a pour but de demander compte au Gouvernement de l'usage qu'il a fait de son autorité, soit au point de vue de la politique générale,

soit au point de vue des intérêts particuliers. Je ne signalerai donc que les abus graves d'autorité auxquels l'exploitation des téléphones par l'État a donné lieu ; je signalerai les

conditions véritablement draconiennes qui constituent les conditions actuelles de l'abonnement au téléphone ; je signalerai les procédés arbitraires et exceptionnels auxquels

l'administration recourt lorsque l'abonné, à tort ou à raison, refuse de déférer à ses avertissements divers et multicolores ; et, comme sanction de ce débat, je demanderai

l'abrogation de certaines dispositions injustes des décrets et arrêtés fixant les conditions d'abonnement au téléphone et aussi qu'on replace dans le droit commun les malheureux

abonnés du téléphone. Des incidents retentissants ont donné à mon interpellation un caractère d'actualité indéniable. Depuis longtemps, en effet, des abus nombreux s'étaient produits ;

ils avaient trouvé l'opinion indifférente, un public docile, toujours taillable et corvéable à merci. Mais, dans notre singulier et charmant pays de France, il a suffi que l'abus

atteignît une femme et, circonstance aggravante, une artiste dramatique, pour qu'immédiatement l'opinion s'émût. Toute la presse, sans distinction d'opinion, a donné l'assaut à

l'administration des téléphones ; ce fut un commencement de réconciliation nationale. De leur côté, les abonnés se sont émus ; ils se sont même révoltés ; nous avons assisté à une véritable levée de récepteurs. Il s'est fondé une association d'abonnés au téléphone, une fédération puissante qui compte déjà plus de quatre mille membres.

V

L'Impôt sur le revenu.

Je ne méconnais pas les critiques dont peut être l'objet notre système d'impôts actuel. Je ne prétends pas qu'il réalise la justice idéale mais j'estime que parmi les insti-

tutions humaines destinées à rassembler les ressources financières dont les États ont besoin pour vivre, il est de ceux qui présentent le moins d'inconvénients et le plus d'avantages.

Toutes les fois qu'on proposera une amélioration au système actuel, je serai de ceux qui s'empresseront de l'adopter ; mais ce n'est point ce que nous discutons en ce moment. A notre

système d'impôts que l'on condamme, on nous propose d'en substituer un autre, complet, qui est l'impôt général sur le revenu. Je reconnais sans hésiter que la campagne faite

depuis un certain temps en faveur de cette formule, a rencontré certaines adhésions dans une partie de l'opinion publique. Lorsqu'on vient dire à des contribuables quels qu'ils

soient : « Vous êtes trop chargés, le système fiscal de notre pays est mauvais, nous en avons un bien préférable qui procurera autant d'argent au Trésor, qui déchargera les contribuables,

qui vous sera profitable et réalisera l'idée de justice si puissante sur l'imagination de notre race », il est évident qu'on se prépare un auditoire des

plus favorables. Le système qu'on nous propose n'est pas nouveau : il est bien connu. Mais est-ce une réforme véritable ? En d'autres termes, procure-t-il également, ce qui est la condition

essentielle d'une réforme en matière financière, des avantages au Trésor, en même temps que des avantages tant aux particuliers qu'à l'ensemble du pays ?

Voilà la question qu'il s'agit d'examiner et de résoudre, non point en restant dans les théories et dans les formules, mais en examinant les faits et en les contrôlant. Il m'est impossible

de ne pas appeler votre attention, au commencement de ce débat, sur une idée générale qui doit, à mon avis, l'éclairer tout entier. On nous parle de réformes et de

justice. Eh bien ! quelle est, en matière d'impôt, la véritable justice ? A quoi faut-il en quelque sorte mesurer si une institution est d'accord avec le progrès ?

VI

IMPORTANCE FISCALE DES PETITS COMMERÇANTS.

Nous avons en face de nous deux millions de patentés, de petits commerçants dont la plupart étaient ouvriers hier et que vous allez atteindre par votre loi ; ils fournissent au budget le

tiers des contributions. Si, par vos sociétés coopératives de consommation, vous ruinez ces petits commerçants et si vous les obligez à fermer boutique — et tel sera le

résultat du vote intégral de la loi — il est certain que le fisc sera privé de cette ressource et je vous demande si le moment est bien choisi pour diminuer nos ressources, alors

qu'au contraire nous avons tant besoin de les augmenter pour arriver à boucler notre budget. D'un autre côté, si ces deux millions de commerçants ou débitants qui ont derrière eux une

famille et des employés, sont mis hors de leurs boutiques par votre loi, sont conduits à la faillite, qu'allez-vous en faire ? Aurez-vous des situations à leur donner ? Pourrez-vous leur faire

gagner leur vie ? Non ! Salariés hier, ils n'auront même plus la ressource de revenir au salariat. Il s'agit, on le disait à la dernière séance, de renouveler ce vieux

moule qui ne tient plus que par de vieilles soudures ; il s'agit de reconstruire une maison neuve parce que l'autre va s'écrouler bientôt. Mais je suppose qu'avant de casser les

soudures et de démolir la vieille maison, il faut en édifier une nouvelle et fabriquer de nouveaux moules. Préoccupez-vous donc de cela, Messieurs, avant de jeter la perturbation dans la société actuelle. Et vous y jetterez cette perturbation si vous laissez détruire le commerce par la société coopérative. Il ne faut pas

vous le dissimuler, c'est la plupart du temps cette destruction que cherchent les organisateurs de ces sociétés. Et la preuve, c'est qu'un socialiste révolutionnaire, conseiller

municipal de Paris, qui a fondé la société coopérative des travailleurs du gaz, me disait, un jour qu'il avait appris que la commission du travail avait exempté de tous

les droits les sociétés de consommation : « Nous les tenons donc enfin ces commerçants ! Laissez voter la loi et je les chasserai bientôt de mon arrondissement ; je les chasserai tous ».

VII

IMPORTANCE DES GROUPEMENTS DE COMMERÇANTS.

S'il est des hommes dont l'approbation, la confiance et les conseils soient précieux aux pouvoirs publics, ce sont, à coup sûr, ceux qui, comme vous, messieurs, représentent les éléments essentiels

de la production et de la richesse nationales, et il est tout à fait intéressant de voir ces éléments se grouper pour donner aux institutions républicaines plus de force,

et au progrès démocratique et social une marche plus résolue. Ce que nous célébrons aujourd'hui avec vous, c'est une victoire. Je pourrais presque dire que c'est votre victoire,

si l'on songe à tout ce que l'organisation puissante que vous avez créée, et qui a dès maintenant des foyers de rayonnement dans les centres économiques plus actifs, a donné

de cohésion et d'énergie aux efforts par lesquels le parti républicain a défendu contre la coalition réactionnaire, à la fois le patrimoine de liberté et

de progrès laborieusement constitué par trente années de lutte, et l'instrument constitutionnel indispensable pour préparer des conquêtes nouvelles. Depuis le dernier

combat, au lieu de s'endormir sur le succès, votre association, développant sa propagande, a vu ses adhérents se multiplier chaque jour, et c'est justement que vous avez constaté à quel point leur nombre et leur qualité vous donnent le droit de parler au nom du commerce et de l'industrie du pays tout entier. Ainsi êtes-vous prêts à remplir en toute occasion

le rôle politique que vous vous êtes assigné et qui tend à défendre la stabilité de nos institutions contre toutes les attaques ; mais ce rôle politique même

n'est qu'un des aspects de votre œuvre. Elle s'attache à faire prévaloir de légitimes revendications, comme celles sur lesquelles vous venez d'appeler l'attention du Gouvernement,

et à travailler à la prospérité générale par le développement de la puissance commerciale et industrielle de notre pays. Des revendications

que vous venez de formuler, j'en retiens particulièrement une qui rentre plus directement dans les attributions de mon ministère : c'est celle qui concerne l'élection des

membres des Chambres de commerce.

VIII

DISCOURS DU DOYEN DE LA CHAMBRE.

Mes chers collègues, bien que le privilège de l'âge n'ait rien d'enviable, je me félicite de le détenir encore aujourd'hui puisqu'il me permet, au début de cette législature,

de souhaiter à mes collègues anciens et nouveaux, la bienvenue dans cette enceinte. Nous sortons d'une lutte qui a été âpre et vive, et qui a mis aux prises des passions violemment

surexcitées. Je ne parle pas pour moi puisque mes concitoyens ont fait à mes quatre-vingts ans l'insigne faveur de ne m'opposer aucun concurrent. Mais ce n'est pas en spectateur insensible

que j'ai assisté au labeur des autres, et je n'ignore rien des épreuves que vous avez dû subir. Eh bien ! mes chers collègues, je vous demande de les oublier. Il n'y a ici que des vainqueurs,

et le couronnement de la victoire, c'est la paix, Il n'est ni bon ni juste d'apporter au sein de la représentation nationale les animosités du champ de bataille. Nous représentons sans doute des idées différentes, mais nous sommes tous élus au même titre. Le suffrage universel, qui est notre maître à tous, nous a choisis comme il l'a voulu, et la paix

parlementaire que je réclame de vous en son nom, n'est que l'hommage obligatoire que nous devons à la liberté souveraine de ses choix. J'ai la ferme conviction, mes chers collègues, en

formulant ces vœux, d'être l'interprète fidèle de la conscience publique. Par cela même que nous sommes obligés de gérer les affaires du pays, nous lui devons l'exemple et le bénéfice

de l'apaisement. Il convient à ses intérêts comme il convient à notre honneur, que la représentation nationale soit une école de liberté, de justice et de paix. Nous n'en

travaillerons que plus efficacement aux réformes que le pays attend. Nous réussirons ainsi à prévenir les désillusions amères et irritées qui suivent trop souvent les grandes

consultations électorales. Nous confirmerons enfin la confiance que nos électeurs ont mise en nous en leur donnant le spectacle réconfortant de délibérations sérieuses et fécondes.

Tel est mon vœu le plus cher et tel est aussi mon espoir. J'ai pensé que je ne pouvais inaugurer la carrière qui s'ouvre devant nous par un langage qui répondît mieux aux besoins du pays.

IX

LA RÉPRESSION DES FRAUDES.

Me dira-t-on encore que l'un des juges coupables a été frappé disciplinairement ? Cela ne nous suffit pas. Si un notaire se permettait d'insérer dans un contrat une clause non

consentie, il ne serait point révoqué ; il serait poursuivi en cour d'assises. Lorsqu'un crime vient de haut, c'est alors surtout que notre devoir est de le dénoncer et de le châtier. Cet acte

commis par des magistrats, nous ne pouvons pas le laisser passer sans le flétrir et sans en exiger le châtiment. Comment pourrions-nous tolérer que des magistrats osent condamner des délinquants ou

des criminels si un pareil acte restait impuni ? Il faut rechercher comment cet acte qui n'est pas contesté, a été commis et, lorsqu'on le saura, le coupable devra être poursuivi. Il faut que ces juges indignes comparaissent à leur tour devant des juges qui auront à venger à la fois la société et la magistrature, d'un geste qui risquerait de les atteindre s'il

restait impuni. Il est indispensable que cet acte, que ce crime, puis-je dire, soit puni, surtout en ce moment où sans vouloir rien exagérer, ni encourir le reproche que M. le

ministre des finances adressait à plusieurs de nos collègues, je dirai qu'évidemment la fraude sévit beaucoup trop partout et sur tout. J'ai signalé à M. le garde des sceaux — il ne pourra pas le

nier — une fraude que j'estime encore plus coupable que les fraudes dénoncées jusqu'à présent à la tribune. La vente des vins falsifiés qui risquent tant d'empoisonner le consommateur

en même temps que de ruiner le producteur, est une fraude coupable ; mais ne trouvez-vous pas, messieurs, que la fraude la plus criminelle, en même temps que la plus vile et la plus basse, c'est la

fraude opérée par des misérables, sur la farine et le pain ? Cette fraude-là ne doit pas être tolérée : c'est pourquoi, dénonçant les faits du tribunal de Nîmes, je demande à M. le

ministre de la justice de les châtier. Il faut que les tribunaux qui en ce moment-ci sont chargés de punir ces fraudes impardonnables sur le pain, se sentent soutenus, se sentent à l'abri

de toutes les influences qui chercheraient à peser sur les consciences de leurs membres. La fraude sévit en ce moment. Pourquoi ? Parce que la fraude a eu des complices dans ceux qui sont chargés de la réprimer.

Gammes à 130 mots.

Nombre des répétitions :

1re, 2e et 3e gammes, 30 répétitions
4e, 5e et 6e   —   25   —
7e, 8e et 9e   —   20   —

1

CRITIQUES SUR L'ENSEIGNEMENT SECONDAIRE ET SUPÉRIEUR.

Messieurs, un de mes amis me faisait observer que, dans notre démocratie égalitaire, on avait divisé les élèves en deux castes : ceux qui portent jaquette et ceux qui portent le bourgeron. Nous avons

posé en principe qu'un homme en jaquette n'a pas besoin d'apprentissage, qu'il s'agisse, par exemple, de former un professeur, un ingénieur ou un architecte. En effet, pour apprendre à conduire un cheval,

l'apprenti est sur le siège à côté d'un bon cocher qui lui donne des explications, lui met les guides et le fouet dans les mains. Au contraire, nul n'imaginerait qu'on puisse apprendre à monter

un pur sang, à diriger un navire, à construire une machine, et surtout l'enseigner aux autres autrement qu'en consultant des manuels, en se contentant d'enfourcher des chevaux de bois, ou de regarder

filer les bateaux-mouches, ou de passer dans les usines. On met un apprenti mécanicien à l'étau parce qu'il a un bourgeron, mais un professeur en jaquette n'a pas besoin de pratique, il

lui suffit d'absorber le contenu de certains livres ou d'écouter parler. Les méthodes d'enseignement usitées dans l'enseignement secondaire dénotent la même absence de sens pratique. On continue

à enseigner les sciences en fourrant des formules dans la tête des élèves. On se contente de leur montrer de loin des appareils coûteux qu'on leur défend de toucher, et souvent tout ce qui leur reste d'un cours fastidieux, c'est que certains produits chimiques sentent mauvais ou que le manipulateur n'a pas su desserrer une vis. Personne ne croira jamais qu'on puisse former une élite dirigeante grâce à de

semblables procédés. Le seul résultat certain qu'on obtiendra, sera de gâcher le temps des élèves. On leur prend plusieurs années qu'ils emploieraient mieux. On dirait qu'en retardant systématiquement la date où ils

seront capables d'œuvre utile, on veut rendre galamment, ou bêtement, des points aux peuples avec lesquels nous avons engagé la partie. Comme si nous avions à gaspiller des hommes, de l'intelligence, de

l'énergie ! Ne croyez-vous pas que l'Université devrait être plus parcimonieuse de la vitalité de notre race, et qu'elle devrait avoir un réel souci de l'avenir de ses élèves ? Il est temps

qu'elle veuille les munir d'une instruction solide et qui résiste à l'usage. Jusqu'à présent elle n'a fait aucun effort pour qu'ils sachent vraiment, définitivement certaines choses.

II

COMMENT OBTENIR L'UNITÉ BUDGÉTAIRE.

Mais, en même temps, on comprit immédiatement qu'on ne pouvait plus continuer dans la voie où l'on était engagé et qui n'avait été justifiée jusque-là que par des nécessités auxquelles le pays n'avait

pas pu se soustraire. On comprit qu'il fallait réduire les dépenses, réaliser des économies et faire davantage encore : s'en prendre aux méthodes anciennes, qui avaient été une des causes

les plus sérieuses de cette situation, et établir ce qu'on a appelé l'unité budgétaire, afin que désormais, la totalité des dépenses de l'État figurât dans un budget unique et que

toutes apparussent ainsi clairement aux yeux de tous, sans dissimulation ni réserve, de telle façon qu'il devînt possible de placer face à face les ressources normales et la totalité des

dépenses de l'État, et qu'on pût ainsi se rendre compte de combien il fallait augmenter les premières, soit par l'impôt, soit par l'emprunt, si l'on ne pouvait ou si l'on ne voulait réduire les secondes. C'est le seul

moyen d'introduire la clarté et la sincérité dans la situation financière d'un pays. Ce fut là, comme je l'ai dit, la plus grande réforme financière qui ait été accomplie dans le cours de tout un siècle, et il n'est que juste de rappeler la part considérable qui y a été prise par l'honorable ministre des Finances actuel. C'était une tâche difficile, si bien qu'elle n'est pas encore

accomplie tout entière et que, depuis, son principe même a reçu quelques accrocs, que quelques personnes paraissent même s'en lasser et voudraient l'interrompre. Je suis de ceux qui pensent, Messieurs, qu'il n'y a rien de plus

nécessaire ni de plus urgent que de la maintenir, de la compléter et de la défendre au prix de tous les sacrifices ; car sans elle vous ne saurez jamais la vérité. Pour remplir cette tâche, il fallait à

la fois diminuer les dépenses et se procurer certaines augmentations de ressources normales. Les conventions avec les chemins de fer permirent de diminuer les dépenses en réduisant, sans les

suspendre, les travaux de chemins de fer, en les répartissant sur une plus longue période d'années. Elles procurèrent ainsi à l'État un moyen de se décharger de certaines dépenses, et de couvrir les

autres, avec les avances consenties par les Compagnies, avances que d'ailleurs on se réservait, en termes formels, de remplacer par des crédits directs, dès que la situation le permettrait.

III

LE SERVICE MILITAIRE OBLIGATOIRE

En faisant profiter le peuple de votre savoir, vous serez devenus des maîtres et vous aurez le sentiment très noble de commencer à payer votre dette envers la société, en faisant part à des

déshérités de ce qu'une heureuse fortune vous aura permis d'acquérir. Ne vous hâtez pas d'ailleurs d'en tirer vanité. Vous acquerrez en retour autant que vous donnerez. Qui enseigne, apprend. Tout maître

qui le veut bien, trouve dans son élève une leçon pour lui-même. L'intelligence la plus modeste, le cœur le plus simple, l'âme la plus humble recèlent souvent des qualités précieuses qui

n'attendent pour éclore et grandir qu'un souffle généreux. Sous telle enveloppe fruste et rude, vous serez étonnés de rencontrer des délicatesses exquises. Ce monde du peuple vous réserve des révélations et des surprises. Quand, à son tour, attiré à vous, il consentira à se donner, vous puiserez chez lui des exemples. A son tour, il vous montrera ses vertus. Les curiosités de son

esprit désireux de s'instruire, éveilleront vos réflexions. Le spectacle de sa patience, de son courage, vous raffermira et vous défendra contre les défaillances possibles. Il voudra, lui

aussi, vous aider de sa force et de tout cela se dégagera la plus vivante leçon de solidarité humaine. En retour de votre amitié, il vous donnera la sienne et ce lien

ainsi formé ne se pourra rompre désormais. Sans doute, le service terminé, les camarades se disperseront et chacun de vous rentrera dans le milieu quelque temps abandonné ; mais le souvenir

du même haut devoir, également accompli en commun, ne s'effacera pas. Ces frères qui semblaient destinés à vivre loin de vous, vous les aurez connus, vous vous en serez fait connaître. Vous les jugerez, à

l'avenir, et ils vous jugeront eux-mêmes avec plus de justice. Si vous le voulez, vous sortirez de là grandis et meilleurs avec, devant les yeux, un horizon élargi. N'est-ce pas alors d'un esprit plus mûri,

plus complet, mieux armé, que vous aborderez les études supérieures, prélude des carrières libérales ? Si, pour rappeler à votre mémoire les connaissances autrefois acquises,

d'ailleurs bien vite évoquées de nouveau, il vous faut alors un effort particulier, que sera-ce que cette fatigue passagère à côté des bienfaits inappréciables que vous aurez recueillis ?

<h1 style="text-align:center">IV</h1>

L'IMPÔT GÉNÉRAL SUR LE REVENU

Depuis un certain temps, la formule de l'impôt général sur le revenu est agité dans les esprits, d'une manière vague, sans qu'on précise ni les moyens de faire vivre cette formule, ni

les conséquences qu'elle entraînerait. Si le système est bon, nous ne saurions trop rapidement et trop complètement l'appliquer ; s'il est mauvais, il faut l'écarter et le condamner sans retour. C'est l'examen

de ce système que je me propose de faire aussi brièvement et aussi clairement que possible, avec une entière impartialité d'esprit et sans aucun parti pris d'avance sur les diverses doctrines en discussion. Ce n'est point aux opinions diverses des hommes que je veux, en effet, demander les raisons de conclure pour ou contre le système proposé. Je ne méconnais certes

pas l'importance des opinions, l'autorité de tel ou tel penseur, de telle ou telle loi, mais il est une autorité bien supérieure à celle des opinions, c'est celle des événements,

parce que nous voyons souvent les hommes prévoir que leurs conceptions, établies d'après des idées abstraites, entraîneront telle ou telle conséquence, tandis que l'expérience prouve leur erreur,

montre que le but entrevu par eux leur échappe complètement et que les résultats obtenus sont tout à fait opposés à ceux qu'ils espéraient. Par conséquent, que telle loi ait existé à une certaine époque,

que tel philosophe, tel penseur, tel homme d'État, ait été partisan ou adversaire de l'impôt général sur le revenu, ce n'est pas assurément sans importance, mais ce n'est nullement décisif.

Ce que je veux examiner, c'est le résultat des institutions analogues à celles qu'on nous propose d'établir. La critique que le précédent orateur a faite du système général de nos impôts,

de nos contributions directes en particulier, donnera certainement lieu, au cours de cette discussion, à un très intéressant et très décisif examen ; et il ne sera pas difficile de montrer qu'en définitive,

tous les impôts étant susceptibles de critique, aucun n'étant sans inconvénient, l'ensemble de notre système fiscal, si on veut le comparer soit aux systèmes qui ont existé autrefois

chez nous, soit à ceux qui existent aujourd'hui dans d'autres pays, est, toutes choses compensées d'ailleurs, un des meilleurs et peut-être le meilleur qu'on puisse considérer.

V

IMPORTANCE DE LA VILLE DE PARIS

Je ne crois pas qu'il soit possible d'appliquer à la ville de Paris le droit commun, parce qu'il y a probablement des points sur lesquels l'égalité des droits avec toutes les communes de France ne saurait s'établir.

Dans cette vaste enceinte de Paris, sont renfermés, en effet, tous les organes essentiels du Gouvernement en même temps qu'une population très impressionnable de près de trois millions d'âmes,

et cela suffit pour appeler un régime spécial. Je crois donc que, pour le moment et peut-être même pour de longues années encore, il n'est pas possible, par exemple en matière de police, de

donner à Paris les mêmes droits qu'aux autres communes de France. On ne peut pas confier à un maire de Paris le soin de centraliser entre ses mains un service de police tellement important qu'il constitue

une véritable armée, mais je crois aussi qu'il y a d'autres terrains sur lesquels précisément cette égalité de traitement pourrait être réalisée, où les droits de Paris ne heurtent

pas ceux de l'État, où l'extension même qu'on pourrait donner aux franchises parisiennes ne menacerait ni la tranquillité, ni la sécurité publiques et contribuerait, au contraire, à la grandeur du

pays. Dans cet ordre d'idées, je signalerai notamment les services des travaux, ceux de l'assistance publique. On ne peut, en effet, contester qu'il n'y a qu'à Paris que l'assistance à domicile soit

organisée d'une manière sérieuse ; mais j'appellerai surtout l'attention sur les services d'enseignement. C'est dans le but d'assurer, non seulement à la ville de Paris mais à la patrie tout entière,

les avantages qui peuvent résulter pour l'une et pour l'autre d'un enseignement primaire parvenu à son plus haut point de développement et dès lors rayonnant sur le monde entier que je demande

en faveur de Paris un élargissement du droit commun. Ces services, en effet, touchent à l'intérêt général et si, en matière d'enseignement, nous obtenions le droit considérablement élargi que

je réclame pour Paris et que justifie l'incomparable puissance dont il dispose pour le bien, nous pourrions faire des choses merveilleuses et qui serviraient grandement le renom et le rayonnement de

la ville de Paris. Celle-ci possède en argent et en hommes des ressources incomparables. Dans cet ordre d'idées nous pourrions faire revivre un foyer d'enseignement digne des plus grandes époques.

VI

LA RÉPUBLIQUE ET LA MONARCHIE

Messieurs, je n'ai pas la prétention d'examiner toutes les questions de forme ou de fond que ce débat peut soulever ; je voudrais seulement l'amorcer en exposant d'une façon générale les raisons principales qui nous font penser, à mes amis et à moi, que la revision de la Constitution est nécessaire et que le moment de la faire est venu. Nous n'avons évidemment rien à dire

à ceux qui pensent que, dans notre état social actuel et après nos révolutions successives, la République, telle que nous l'avons, est encore la seule possible, sinon la meilleure des

monarchies ; que les institutions de l'un et de l'autre régime, à part l'hérédité du pouvoir exécutif, peuvent être sensiblement les mêmes et que, par conséquent, on peut s'accommoder de la

Constitution actuelle telle que nous l'avons. Nous estimons, nous, au contraire, que la République et la monarchie sont deux régimes essentiellement différents parce que la République

n'est plus le gouvernement d'une dynastie ou d'une classe, mais le gouvernement de la nation tout entière, c'est-à-dire de la démocratie. La République est le gouvernement du pays par

lui-même, c'est la seule façon de le réaliser véritablement ; je crois qu'on n'en peut pas donner une meilleure définition. S'il en est ainsi, croyez-vous qu'il suffise de donner à l'ensemble des

citoyens le droit de nommer librement leurs représentants ? Non, messieurs. Encore faut-il donner aux citoyens et à leurs représentants la volonté et le pouvoir de se gouverner eux-mêmes, c'est-à-dire de

gérer eux-mêmes, ou par eux-mêmes ou par leur représentation, leurs affaires et de donner l'impulsion au Gouvernement au lieu de l'attendre de lui. Et si tel est l'objectif à réaliser, n'est-il pas vrai que le

caractère de la Constitution importe au plus haut point ? Je sais qu'il y a des sages qui disent que peu importent les constitutions, que même de la plus médiocre on peut faire un bon usage

pourvu qu'on sache s'en servir. Je comprendrais ce langage pour un peuple depuis longtemps accoutumé à la pratique de la liberté comme le sont nos voisins les Anglais, par exemple. Oui ! alors j'admettrais

que les mœurs puissent influer sur la Constitution et, peu à peu, insensiblement, la modifier pour l'accommoder aux besoins nouveaux nés avec les progrès incessants de la science.

VII

Fragment d'un discours a la Chambre.

Messieurs, n'oubliez pas, je vous en conjure, les enseignements éternels de l'histoire, indépendants de la volonté des hommes. Peu importent les opinions écrites dans les livres. Que sont-elles devant

les enseignements que nous donne l'humanité elle-même par ses propres actions et par ses propres œuvres ? Ce qu'il faut évoquer, c'est l'histoire de la prospérité des cités et des empires, des

civilisations qui nous sont voisines aussi bien que des plus lointaines. Voilà les faits qui ne connaissent pas de contradiction possible. Oui, à toutes les époques, sous toutes les formes sociales

ou politiques, l'histoire nous montre que si ceux qui gouvernent, quels qu'ils soient, princes ou peuples, oublient les règles de la justice et de la liberté des citoyens, cette même faute entraine fatalement

les mêmes néfastes résultats. Et pour en revenir à la question du régime de l'impôt, une institution politique qui a pour objet ou bien d'appauvrir les uns pour enrichir les autres,

ou bien d'en faire un instrument d'oppression pour exercer des représailles contre une classe vaincue, n'a jamais donné que des mécomptes et toujours nous voyons les mêmes erreurs produisant les

mêmes conséquences. Tout à l'heure l'orateur qui m'a précédé à cette tribune appelait l'attention de la Chambre sur la gravité des circonstances que nous traversons ; je ne le démentirai pas.

Oui, nous traversons une phase décisive peut-être de notre histoire. Jamais la France n'eut à accomplir de plus grandes destinées, en présence de plus grandes difficultés. Jamais. ni au dedans, ni au

dehors, de si redoutables problèmes ne se dressèrent devant un peuple jaloux de conserver la liberté, et que des intérêts divisent, que ce soit au point de vue des finances, de notre administration,

de notre défense nationale. Et vous vous imaginez que c'est en soufflant la discorde et la haine entre les citoyens, que vous allez concentrer toutes les forces de la nation pour lui

faire parcourir dignement les destinées qu'elle a devant elle ? Vous vous trompez ! Ce pays-ci a toujours eu une force incomparable depuis les temps historiques les plus lointains, et cette force, c'est précisément son amour de l'idéal qu'il ne faut pas égarer, c'est son amour de la justice qu'il ne faut pas tromper en l'entretenant d'illusions et de chimères. Il faut le mettre en présence des réalités.

VIII

LE SERVICE MILITAIRE DE DEUX ANS.

Messieurs, dans une démocratie telle que la nôtre, une armée nationale, dans la véritable acception du mot, doit être, l'effectif permanent excepté, exclusivement composée d'hommes

tous également assujettis, pendant un temps rigoureusement égal pour tous, aux mêmes exigences, aux mêmes devoirs, aux mêmes sacrifices. Mais le service obligatoire pour tous les hommes qui sont aptes

à concourir utilement à la défense nationale, entraîne des charges si lourdes qu'il n'est point défendu de chercher à y apporter une certaine atténuation, et c'est pour cela qu'il doit

avoir pour but, sans nuire en aucune façon à l'instruction de nos soldats, de les retenir le moins de temps possible sous les drapeaux. C'est le problème qu'il s'agissait de résoudre ; c'est là l'objectif que

s'est proposé ma proposition de loi ; c'est le but, je ne crains point de le dire, qu'a victorieusement atteint notre commission de l'armée. Messieurs, si vous adoptez les propositions qui vous ont été

soumises et qui sont développées dans le rapport de la commission, je ne crains pas d'affirmer que nous sommes en mesure d'instituer le service de deux ans sans nuire en aucune façon à

la défense nationale ; et je me propose de prouver que nous pouvons faire des hommes mieux instruits qu'ils ne le sont à l'heure actuelle, à certaines conditions d'ailleurs, pendant une durée

de deux ans ; je me propose de vous démontrer que le recrutement des sous-officiers n'en sera pas entravé, et enfin que les effectifs de notre armée seront, avec le service de deux ans, sous certaines

conditions, ce qu'ils sont aujourd'hui. Mais il y aura cette différence capitale que nous aurons des hommes réellement exercés et non des hommes qui, après quelque mois de présence au corps,

se défilent et ne reparaissent plus dans les rangs qu'à de rares intervalles. Eh bien, messieurs, qu'avons-nous donc à faire? A vous démontrer la possibilité de faire une bonne armée dans l'espace de deux ans. Je crois d'ailleurs qu'on ne me serrera pas de trop près dans cette question, parce que je ne serais pas surpris qu'un moment vînt où non seulement je n'aurai pas à démontrer qu'on peut faire une armée

dans deux ans, mais où je devrai me défendre de ne vous avoir pas proposé le service d'un an.

IX

LE COMMERCE EXTÉRIEUR DE LA FRANCE.

Quant à notre commerce extérieur, c'est avec raison que vous en faites une des tâches essentielles de votre organisation, et que vous rappelez la part que vous prenez à toutes les grandes expositions

qui s'ouvrent hors de France. Et jamais pour elle le besoin n'a été plus impérieux de diriger vers la défense de sa puissance commerciale et industrielle tout ce qu'elle a d'intelligence

et d'énergie. Tout le monde sent à quel point l'heure est décisive. Au moment où les forces économiques semblent avoir transformé les champs de bataille où se rencontraient jadis les nations, où les outils

industriels paraissent être devenus les véritables armes par lesquelles se trancheront de plus en plus les anciennes rivalités des peuples, où l'on voit se constituer des groupements d'intérêts qui en

arrivent à traiter de pair avec les grands États, et qui ouvrent à l'esprit des horizons inattendus sur ce que pourront être dans l'avenir les rapports des États et des hommes, aucune préoccupation n'est

plus grave que celle qui touche à la vie économique d'un peuple. C'est vers ces questions que, d'accord avec le Gouvernement, vous devez diriger votre étude et votre effort. Nous avons constamment à nous

demander si la France joue tout le rôle qui lui est dévolu par ses traditions, ses ressources et son génie ; si, dans cet État démocratique où sévit encore le préjugé des professions libérales,

encouragé peut-être jusqu'à ce jour par un certain retard à mettre au niveau des exigences modernes notre enseignement secondaire et notre enseignement supérieur, nous avons fait tout le nécessaire

pour acquérir les qualités essentielles qui seraient de nature à nous mettre au premier rang sur le marché du monde ? Avons-nous assez cultivé cet esprit d'entreprise qui pousse les commerçants et les industriels à aller rechercher sur tous les points du globe des relations et des débouchés nouveaux ? N'avons-nous pas trop tardé à donner dans nos études une large place à cette pratique des langues

vivantes qui est l'instrument essentiel de tout développement extérieur ? Sommes-nous bien pénétrés de l'importance d'une alliance persévérante entre la fortune acquise et le travail productif

et ne constatons-nous pas au contraire, une tendance générale à un véritable et fâcheux divorce entre l'activité et la richesse ?

DIXIÈME SÉRIE

Gammes à 140 mots.

Nombre de répétitions :

> *1re, 2e et 3e gammes, 40 répétitions*
> *4e, 5e et 6e — 35 —*
> *7e, 8e et 9e — 30 —*

I

SUR LA SITUATION DES VITICULTEURS.

Voilà ce que vous faites de ce grand instrument national qui s'appelle la terre de France! Eh bien, nous vous disons : Il faut arrêter cette dépréciation de la terre. Pour le moment, il faut nous permettre

au moins de faire face aux difficultés. Est-ce que nous avons jamais demandé un dégrèvement, une prime? Déclarons-nous être découragés? Non, nous vous disons que nous sommes prêts à redoubler

d'énergie, à augmenter encore notre ardeur au travail, qui est une grande source de revenus pour le Trésor et pour la nation tout entière. Si, en effet, la ruine s'abattait sur nous, c'est bien le Trésor qui en souffrirait

et je ne puis pas croire que le Gouvernement consente à voir d'un œil tranquille les régions que nous représentons livrées à l'expropriation comme on le verrait si la Chambre restait insensible à nos plaintes.

Comme nous pouvons déjà à peine nous défendre contre la production des alcools d'industrie, nous vous demandons de nous protéger au moins contre la fraude qui vient s'ajouter à toutes nos difficultés,

en permettant à certains fraudeurs de faire du vin sans avoir de vigne, de faire de l'alcool de fruits sans avoir ni fruits ni vignes. Nous venons vous demander de supprimer ou du moins de diminuer cette fraude.

Vous ne le voulez pas. Alors que va-t-il arriver ? C'est que, dans la plupart de nos villages, vous verrez un négociant peu scrupuleux aller chercher un malheureux que la misère accable et lui dire : Vous allez me

donner votre nom, votre maison ; j'ajouterai ce qu'il faudra pour construire des cuves, des chais, seulement vous me permettrez d'y faire ce
qu'il me plaira. Ce négociant marron pourra ainsi, si vous votez

l'amendement, expédier chez le représentant qu'il aura choisi, tous les
sucres qu'il voudra, et là, dans un pays de vin, ce vigneron sans vignes
fera du vin pour lequel il n'aura risqué, ni peine, ni fatigue, ni frais

généraux. Dans nos pays de Cognac et d'Armagnac, ce même fraudeur,
sans avoir ni peine ni frais généraux, fera de l'Armagnac comme il fera
des eaux-de-vie de fruits dans les Vosges ou dans l'Est. Ce fraudeur-là

s'enrichira sans peine, sans travail, grâce à la complicité de la loi que
vous allez voter, tandis que la misère chassera de chez lui le paysan, qui,
pendant qu'il aura travaillé, peiné, souffert, verra l'autre, le fraudeur

malhonnête, triompher au milieu d'une fortune malhonnêtement
acquise. Messieurs, je vous demande de nous permettre de continuer
à lutter ; la situation est des plus pénibles.

II

SITUATION DE LA MARINE MILITAIRE EN FRANCE.

Dans mon discours de 1902, je me suis attaché à vous donner quelques
renseignements sommaires sur la constitution des escadres. J'ai voulu
faire justice de ces idées qui, à l'heure actuelle, ont encore

cours, et qui présentent les cuirassés de ligne, qu'on a dénommé « les
mastodontes », comme des unités coûteuses et absolument inutiles C'est
même, je dois le dire, l'opinion que partageait le prédécesseur de

M. le Ministre de la Marine, opinion qui a certainement arrêté l'exécution du programme de 1900. Cet arrêt a causé non seulement une perte
de temps, mais encore un surcroît de dépenses. Je viens

de vous dire ce que serait la marine allemande en 1917 ; pouvons-nous
ne pas suivre son exemple ? Admet-on que la marine française puisse
passer du deuxième rang qu'elle occupe, je ne

dirai pas au troisième, mais au quatrième rang, car ce qui se passe en
Allemagne se passe également aux États-Unis ? Les États-Unis ont compris la nécessité d'avoir une marine puissante, ils

ont donné à leurs constructions neuves un élan très rapide en profitant des derniers perfectionnements, et ces jours derniers, le président Roosevelt réclamait de son pays de nouveaux sacrifices en vue d'augmenter

la flotte. La conclusion s'impose : si nous n'y prenons garde, dans quelques années, la France passera du deuxième au quatrième rang ! Supposez une conflagration générale et, la maîtrise de la mer, dont on a parlé

ce matin un peu légèrement, appartenant à l'Allemagne, avec la puissance militaire dont elle dispose, vous pourrez, à un moment donné, alors que toutes nos forces seront engagées sur la frontière

de l'Est dans une lutte qui sera pour nous, cette fois, une question de vie ou de mort, vous pourrez, dis-je, voir une escadre puissante venir opérer sur les côtes du Cotentin un débarquement qui permettra de

prendre nos armées à revers. C'est là un danger qu'on ne peut nier, danger que les officiers généraux de l'armée de terre, qui ont été directeurs du Génie, connaissent comme moi et qu'on ne peut laisser ignorer au pays. Peut-on

envisager cette situation avec indifférence ? Peut-on, d'ailleurs, affirmer que les flottilles dont, pour mon compte, je fais un très grand cas, que je considère comme absolument nécessaires, pourront remplacer une flotte

de haute mer ? Voici qu'une Ligue dite du « Progrès Naval » se constitue à l'heure présente pour promouvoir la construction des submersibles et des sous-marins.

III

DE L'ENTRETIEN DES VOIES DE COMMUNICATION.

La Chambre s'est toujours préoccupée d'une façon toute particulière des voies de communication, et elle s'en est préoccupée à trois points de vue : tout d'abord, parce que les voies de communication sont un

des éléments primordiaux de la défense nationale ; en deuxième lieu, parce qu'elles permettent le développement du commerce, de l'industrie et de l'agriculture ; enfin, parce qu'elles absorbent une

très grosse partie du budget qui est soumis à la sanction du Parlement. Nous estimons qu'il convient d'apporter dans la direction générale des travaux publics des réformes absolument indispensables, soit dans la direction des travaux, soit dans la façon de les exécuter et de les contrôler. Nous croyons qu'il convient que, tous les ans, des crédits nouveaux soient alloués dans la mesure la plus large possible pour permettre la construction

de voies nouvelles, que la part du budget affectée aux réparations ne soit plus réduite et, en troisième lieu, que les ressources soient utilisées de façon à atteindre de meilleurs résultats. Nous disons

qu'il convient de construire tous les ans des voies nouvelles. C'est qu'en effet ces constructions procureront toujours un bénéfice à l'État, car si les voies nouvelles occasionnent des dépenses, ces dépenses sont

récupérées par le fait que des industries viennent s'établir à proximité de ces voies, que des impôts sont payés par ceux qui viennent installer ces industries et enfin par le bien-être procuré aux populations

desservies par la voie ferrée. Nous disons également qu'il ne faut pas réduire les dépenses de réparations, parce que si on laisse s'user par trop les diverses chaussées et les diverses voies, le montant de la

dépense qu'entraînera leur reconstruction, sera beaucoup plus élevé que le total des dépenses annuelles d'entretien. Nous avons dit également que les ressources pouvaient être mieux utilisées. Comment cela ?

Je vais l'indiquer très brièvement. Il faut apporter des modifications dans le personnel chargé de dresser les projets et de surveiller les travaux ; il importe de construire rapidement des voies secondaires et

aussi d'améliorer les services du contrôle et les tarifs des transports. Je parle tout d'abord de la modification concernant le personnel chargé de dresser les projets, de surveiller les travaux. Et, à ce

sujet, vous me permettrez d'entrer dans le développement de l'organisation actuelle du corps des ponts et chaussées.

IV

IMPORTANCE FISCALE DE L'INDUSTRIE SUCRIÈRE.

J'ai fini, messieurs, et je vous demande à conclure brièvement. Nous avons répondu à la première guerre que nous faisait l'Allemagne, par le vote de la loi de 1884. J'ose espérer que vous voudrez

bien répondre à la nouvelle guerre qui nous est faite par le vote de la loi qui vous est proposée. Le léger sacrifice qu'on imposera aux consommateurs nous évitera une crise agricole et industrielle qui aurait des conséquences bien plus graves sur le relèvement du prix du sucre que la légère augmentation qui vous est demandée. L'industrie sucrière et la

culture de la betterave sont les bases principales de la prospérité de vingt-cinq départements les plus lourdement chargés d'impôts. Le Nord, à lui seul, paye un seizième des charges totales du pays. C'est un

important débouché pour nos houillères, pour notre métallurgie, pour nos voies de transports, pour nos canaux et nos chemins de fer. Elles assurent, à la petite culture surtout, une recette annuelle de 190

millions, et aux ouvriers des fabriques et à ceux de la campagne un salaire total de 40 à 50 millions par an. Elles retiennent aux champs les ouvriers qui, sans ce travail, iraient vers les villes pour

offrir leurs bras inoccupés, pour faire concurrence aux ouvriers déjà nombreux et pour augmenter les jours de chômage. L'État représenté par le Trésor public n'a pas un intérêt moindre dans la question qui vous est soumise ;

il ne peut se passer des 200 millions que lui rapporte l'impôt sur le sucre. Il ne peut donc se désintéresser de la prospérité de l'industrie sucrière, pour laquelle sont faites ces lois, ces règlements, ce contrôle

permanent, parfois si lourd, en vue même des recettes du Trésor. Il y a là un contrat synallagmatique entre l'État et l'industrie sucrière, qui mérite une protection efficace pour les services

qu'elle rend. Le moment est venu pour vous, messieurs, de remplir les engagements de ce contrat. Vous y refuser, c'est décréter la fermeture d'un grand nombre d'usines, c'est décréter l'abandon de presque toutes les petites

fermes. Vous ne nous laisserez pas assister impassibles à notre écrasement par l'Allemagne ; vous n'attendrez pas pour agir que notre production sucrière soit retombée au chiffre désastreux de 272.000

tonnes ; vous imiterez la monarchie austro-hongroise qui a pris des mesures d'urgence pour répondre à la guerre que lui déclarait l'Allemagne.

V

Extrait d'un discours de M. Loubet, ancien Président de la République.

Monsieur le maire, je vous remercie de m'avoir invité à visiter votre belle ville qui rappelle des souvenirs à la fois si réconfortants et si douloureux ; je remercie le Conseil général de la Sarthe de

s'être associé à la ville du Mans par un vote unanime et je n'oublie pas vos représentants au Sénat et à la Chambre des députés, qui ont bien voulu se joindre aux élus de la ville et du département ;

enfin j'adresse mes sincères remerciements à la Fédération des sociétés de gymnastique, qui a consenti à retarder son concours annuel pour me permettre de tenir un engagement déjà ancien

et d'assister à la distribution de ses récompenses après un voyage qui, je l'espère, n'aura pas été sans profit pour mon pays. Monsieur le maire, vous m'avez adressé des paroles certainement trop

flatteuses, à la fois au nom des républicains de votre ville et au nom de tous vos concitoyens, en rappelant que le Président de la République représente la France tout entière ; c'est surtout lorsqu'il s'agit de nos

intérêts à l'extérieur, lorsque le bon renom et la dignité de notre pays sont en jeu, que les partis politiques doivent laisser le Président de la République en dehors de leurs querelles. Je m'efforce chaque jour,

en ce qui me concerne, de m'affranchir de ces divisions et d'oublier les attaques dont j'ai pu être l'objet, comme homme politique et comme républicain. Je n'ai pas envie de me plaindre de ces attaques, si

vives qu'elles aient été, mais laissez-moi dire, faisant abstraction de ma personnalité, combien il y a de profit pour la République à ce que son Président, par une plus exacte appréciation des intérêts

de la nation, échappe, non à une critique même sévère, mais à certaines attaques excessives qui portent atteinte à l'autorité dont il a plus particulièrement besoin, lorsqu'il est appelé

à parler au nom de la France. Aussi, vous remerciant des paroles que vous avez prononcées, je forme le vœu qu'elles soient entendues par tous les Français comme elles le sont déjà par la grande majorité d'entre eux.

Quant aux républicains, au nom de qui vous m'avez salué tout à l'heure, ils me donnent, depuis que je suis à la tête du Gouvernement, de tels témoignages d'affection et de dévouement, ils m'ont accordé un tel appui dans des circonstances difficiles que je ne sais plus en quels termes les remercier ; ils savent que mon temps et mes forces, mon cœur et ma bonne volonté, tout ce que j'ai est acquis à la défense de la République.

VI

Extrait d'un discours politique.

Mais, encore une fois, le traité n'est pas seul en cause : nous devons considérer en même temps la situation générale de l'Europe et du monde, la crise asiatique, l'état de l'Extrême-Orient, les chances de

pacification que nos bonnes relations avec l'Angleterre peuvent offrir même à d'autres peuples, la possibilité d'une action pour les conciliations nécessaires. On ne manquerait pas d'exploiter ailleurs un vote mal

interprété, si nous rejetions un acte ratifié à l'unanimité par les Chambres Britanniques. Nos devoirs métropolitains dominent nos intérêts coloniaux et l'entente franco-anglaise doit servir d'abord la cause

de l'indépendance Européenne liée à celle de la grandeur française. Or, ne pouvons-nous pas concilier ces intérêts divers ? Le traité lui-même nous en offre le moyen : il annonce sur plus d'un point des négociations

complémentaires. Nous pouvons, nous devons, à mon sens, nous prononcer dès à présent sans équivoque possible pour le principe de l'accord et approuver la politique dont il est l'expression. Mais serait-il sage, habile, digne,

de mettre définitivement la signature de la France au bas d'articles provisoires, ou controversés, ou litigieux, ou dont la valeur est déjà contestée par une colonie britannique ? Pour moi, j'ai défendu

dans tous les temps l'entente avec l'Angleterre ; je l'ai défendue à peu près seul à une époque où il y avait peut-être quelque mérite à le faire, au plus fort de la guerre du Transvaal, parce que je voyais le

parti que d'autres essayaient de tirer de notre querelle, parce que j'eusse préféré à de vaines démonstrations un entretien profitable, et aussi parce que je trouvais injuste de confondre une grande nation

avec certains ministres de cette nation. Mais, au moment de descendre de cette tribune, je vous demande à mon tour, messieurs, de méditer les paroles que prononçait ici même Gambetta dans ce dernier et admirable discours en faveur de l'intervention française en Égypte que j'entends encore : « J'ai vu, disait-il, assez de choses pour vous dire ceci : au prix des plus grands sacrifices, ne rompez jamais l'alliance anglaise. Oh ! je sais

ce qu'on peut alléguer ; il faut en finir avec les équivoques et je ferai connaître toute ma pensée. Je suis certainement un ami éclairé et sincère des Anglais, mais non pas jusqu'à leur sacrifier les intérêts

français. D'ailleurs, soyez convaincus que les Anglais, en bons politiques qu'ils sont, n'estiment que les alliés qui savent se faire respecter et qui obligent les autres à compter avec leurs intérêts ».

VII

LES CAUSES DE LA CRISE VITICOLE.

Messieurs, les interpellations adressées au Gouvernement, et qui ont été surtout développées à la séance de ce matin, se divisent, comme vous avez pu le remarquer, en trois catégories distinctes. Les unes ont pour

objet la crise viticole, une autre concerne la situation financière ; les dernières ont trait à la question de l'impôt sur le revenu ou à des questions connexes. Ces diverses interpellations soulèvent

toutes des problèmes fort délicats et fort importants que nous ne pouvons évidemment avoir la prétention de résoudre totalement aujourd'hui, qui donneront lieu, le jour venu, à de très longues discussions, mais sur lesquels

la Chambre a le droit de demander à connaître dès maintenant l'opinion du Gouvernement. En ce qui concerne toutefois la crise viticole, le ministre des finances ne peut, quant à lui, fournir que des explications

incomplètes et des réponses partielles. A supposer, en effet, qu'il dépendît du Gouvernement d'apporter des remèdes souverains au trop long malaise dont se plaignent avec raisons les viticulteurs français

et plus particulièrement peut-être ceux du Midi, ce ne pourrait être en tous cas le département des finances qui détiendrait ces panacées ! Mes honorables collègues, M. le Ministre de l'Agriculture et

M. le Ministre du Commerce en seraient sans doute plus que moi les dépositaires privilégiés. Je m'empresse d'ajouter, d'ailleurs, que nous sommes résolus tous trois à unir nos efforts, et que le Gouvernement tout entier est

décidé à ne rien négliger pour porter secours, dans la mesure du possible, à la viticulture en détresse. La crise tient, malheureusement, à des causes économiques nombreuses que ni le Gouvernement ni le législateur n'ont le pouvoir de faire disparaître complètement. Il peut, messieurs, nous appartenir de chercher à multiplier les débouchés par une bonne politique commerciale ; il est également dans notre

rôle de protéger la viticulture contre la concurrence que peut lui faire, que lui fait même la production clandestine des vins artificiels, mais nous sommes, hélas ! tout à fait impuissants contre

les conséquences de la surproduction et contre les inévitables déceptions qu'entraînent les trop belles récoltes. Une meilleure organisation du commerce local, permettant d'emmagasiner et de conserver les

excédents de récoltes et assurant par là même moins de précipitation dans les ventes, ferait peut-être plus que les mesures parlementaires, souvent un peu vaines, souvent même contradictoires, qu'ont réclamées parfois les intéressés.

VIII

La situation financière de la France.

Messieurs, les orateurs qui sont successivement intervenus dans la discussion générale du budget me paraissent avoir moins étudié le projet de budget actuellement soumis à vos délibérations qu'examiné — comme

c'était leur droit et peut-être leur devoir — la situation financière de la France. Ils ne s'étonneront pas et la Chambre ne s'étonnera pas que je les suive sur le même terrain et que puisqu'on a opposé les budgets actuels

aux budgets des précédentes législatures, j'examine à mon tour comment ont été gérées au cours de ce siècle et plus particulièrement depuis quelques années les finances de ce pays. Je n'aurai pas de peine, je crois,

à montrer à la Chambre, en faisant passer sous ses yeux le tableau des budgets qu'elle a votés ou à l'exécution desquels elle a participé et en plaçant en regard les budgets précédents, en examinant d'un autre côté les réformes

qu'elle a réalisées et en leur opposant les réformes qui ont été faites antérieurement, ce qu'il y a de profondément injuste dans les critiques que l'on adresse journellement au Gouvernement et à la majorité. J'indiquerai

cependant les améliorations qu'il y a lieu de poursuivre sans nous lasser, la voie dans laquelle il faut orienter nos finances publiques. Au cours de cet exposé, je m'attacherai à me tenir à égale distance d'un optimisme que l'on m'a souvent, bien à tort je crois, reproché, et d'un pessimisme qui est de mode, depuis quelque temps, dans une certaine presse tout au moins, et qui dissimule mal des partis pris et des arrières-pensées politiques.

Je serai vrai tout simplement, ne parlant d'ailleurs que documents et chiffres en mains. C'est une histoire singulièrement instructive que celle des finances de la France au cours de ce siècle. Quand on veut bien ne pas

se borner à examiner le résultat qui apparaît dans les écritures officielles, c'est-à-dire la simple différence entre les dépenses ordinaires et les recettes produites par l'impôt ; quand on veut bien mettre en regard du produit

des impôts toutes les dépenses quelles qu'elles soient, quand, en somme, on opère, pour chaque budget, comme un commerçant ou comme un industriel opère pour son entreprise, c'est-à-dire quand on fait le bilan de

chaque année, qu'aperçoit-on ? On aperçoit pour commencer, dès 1815 que les finances de la Restauration, qu'il est de mode dans certains milieux de citer comme des modèles, ont eu dix budgets en déficit

sur quinze. Et si cinq budgets ont donné un actif réel de 400 millions, les dix autres ont ajouté à la dette publique 1.500 millions, si bien que le régime qui a duré de 1815 à 1830, a légué un milliard de dettes à la France.

IX

INCONVÉNIENTS DES CHANGEMENTS MINISTÉRIELS FRÉQUENTS

Voilà quelques-unes des considérations, ayant rapport tant au programme du ministère qu'à sa composition, qui me font vous déclarer que je ne puis pas approuver la déclaration ministérielle qui

nous a été lue l'autre jour. Cependant ce n'est pas, certes, que je n'aie l'ardent désir de voir cette Chambre, au lendemain même des élections, soutenir un ministère et un gouvernement résolus à donner au

pays des réformes démocratiques pour la réalisation desquelles les électeurs viennent de nous ouvrir un nouveau et peut-être un dernier crédit. Je dis : peut-être un dernier. C'est l'impression de beaucoup de députés

républicains. Oui, messieurs, nous avons entendu, dans maintes fractions de la démocratie, aussi bien des campagnes que des villes, cette même réflexion : Nous venons une fois de plus de vous faire crédit ; nous avons compté une fois de plus que la République allait tenir ses promesses. Mais prenons garde, parce que, si dans quatre ans, nous retournons devant le pays, en lui disant : « Que voulez-vous ? je n'ai pas pu, je n'ai rien fait, j'ai défendu

la République », le pays nous dira : La République est en péril surtout par les fautes des républicains. Elle est en péril parce qu'elle ne s'est pas réalisée, et la coalition de ses

ennemis serait demeurée impuissante et inefficace, si le peuple avait reçu depuis longtemps la preuve tangible, par des réformes palpables, que la République est supérieure aux gouvernements

monarchiques. Mais, quand la République s'obstine à se maintenir dans l'ornière, dans la routine, dans les codes surannés, dans des institutions vieillies, et que nous ne trouvons pas une heure ici pour faire aboutir des

revendications, que tant de fois nous avons défendues, je crois être l'interprète d'un grand nombre de nos collègues républicains en disant que la faute serait lourde. Il eût été bien souhaitable que le Gouvernement qui se

présenterait devant nous au début de la législature, pût accompagner cette législature jusqu'à la fin de son mandat. En effet, messieurs, que les périls, que les critiques récentes ne nous fassent pas oublier

les dangers précédents. On ne m'accusera pas ici d'avoir été un défenseur aveugle du ministère Waldeck-Rousseau. J'ai bien souvent voté contre lui, je l'ai bien souvent attaqué d'une façon que ses défenseurs trouvaient singulièrement amère ;

mais, ne l'oubliez pas, sur quelques bancs que vous siégiez, le ministère Waldeck-Rousseau a eu un mérite indéniable, il a duré. Il a mis fin à ce régime odieux et ridicule qui discréditait la France.

ONZIÈME SÉRIE

———

Gammes à 150 mots

Nombre des répétitions :

    1ᵉ, 2ᵉ et 3ᵉ gammes, 50 répétitions
    4ᵉ, 5ᵉ et 6ᵉ   —   40   —
    7ᵉ, 8ᵉ et 9ᵉ   —   30   —

I

LE DÉSARMEMENT GÉNÉRAL DES PEUPLES

Nous vous demanderons de décider que les organisations ouvrières ne peuvent pas être tenues en dehors de la puissance économique et que les grandes entreprises par actions qui se fondent, devront d'emblée réserver

une partie de ces actions aux organisations ouvrières afin qu'elles puissent contrôler la production et pénétrer de plus en plus au cœur même du régime capitaliste. Mais il est une autre raison, décisive

celle-là, qui obligera de plus en plus les sociétés modernes à accueillir l'influence socialiste : c'est que de plus en plus l'accord du prolétariat international apparaît comme une condition nécessaire

ou du moins comme une garantie de paix. Nous sommes à une époque étrange où coïncide, avec les excitations chauvines et les griseries impérialistes, le désir profond des peuples de réaliser

la paix. A coup sûr, aucun peuple ne veut désarmer avant les autres et ce serait nous calomnier que de prétendre que nous voulons arracher à la France ses moyens de défense, son armure et son glaive avant qu'un accord international

ait préparé le désarmement simultané des peuples d'Europe. Non ! nous ne voulons pas désarmer la France de la Révolution. Mais le nombre grandit dans chaque pays des hommes qui s'étonnent et se scandalisent de voir l'humanité civilisée constamment exposée à se déchirer les entrailles. Le nombre grandit dans tous les pays des hommes qui s'étonnent et s'affligent de voir consacrer des sommes immenses qui devraient être réclamées par les œuvres sociales,

par les œuvres de vie, à des œuvres de mort et de destruction. L'humanité, la partie éclairée de l'humanité, s'afflige et se scandalise de voir qu'au régime de la paix qui en fait depuis trente-deux ans a prévalu en Europe,

nous n'ayons pas su donner une consolidation ; nous vivons sous ce monstrueux paradoxe de la paix armée qui ne donne aux nations ni l'ivresse de la guerre ni la certitude de la paix. Quand donc cessera ce scandale de la conscience

et de la raison ? Qui sait si les peuples surmenés n'attendent pas qu'un peuple se lève pour tenir avant les autres un langage de paix et de bon sens ? Qui sait si ce n'est pas à la France de la Révolution qu'est réservée cette glorieuse

initiative ? Je devine l'objection secrète présente à ma conscience comme à la vôtre, mais l'heure est venue où nous n'avons plus le droit de permettre aux plus cruels souvenirs et aux plus justes griefs d'obscurcir

en nous le sens d'un grand devoir européen qui est en même temps un grand devoir national. L'heure est venue pour nous, regardant au-dessus des malentendus et des préjugés, de sortir des réticences.

II

LE DÉSARMEMENT GÉNÉRAL (*suite*)

C'est une cause de faiblesse pour un grand pays de mettre en réserve certaines questions et certains problèmes ; je dis qu'il ne doit pas y avoir pour un grand pays comme le nôtre une sorte de dualité et de

duplicité d'existence, des questions dont il parle et des questions dont il ne parle pas ; je dis qu'il ne doit rien y avoir dans le fond de sa conscience qu'il ne puisse et ne doive produire ; je dis que l'heure est venue pour nous

tous de proclamer qu'il n'y a rien dans le fond même de notre conscience, qui nous empêche de proposer nous-mêmes et de demander à
l'Europe le désarmement simultané des peuples. S'il était vrai que l'hy-
pothèse d'un désarmement

graduel et simultané est contraire à la dignité nationale et au droit
national, qu'allait faire la France à la conférence de la Haye ? C'est en
son nom, et c'est, à mon sens, un honneur pour nous, que son délégué a

proposé et a fait adopter non pas la résolution suivante — l'Europe
n'est pas encore, en cette matière, à la période des résolutions, — mais
le vœu suivant : « La conférence estime que la limitation

des charges militaires qui pèsent actuellement sur le monde est grandement désirable pour l'accroissement du bien-être matériel et moral
de l'humanité ». Eh bien ! comment persuaderez-vous qu'il puisse y

avoir dès lors incompatibilité entre cette affirmation et l'honneur
national ? A l'origine, quel a été pour les patriotes les plus exaltés, les
plus chauvins, pour ceux qui croyaient que la réparation de l'histoire

devait venir non pas du progrès des démocraties, mais de la force
réparant les crimes de la force, quel a été pour ceux-là le sens de l'alliance franco-russe ? Ils y ont vu un moyen de réparation énergique et
de restitution

de l'intégrité nationale ; c'est l'évidence, c'est la vérité même. Mais
peu à peu, par une substitution obscure, insensible, sur laquelle la
France n'a jamais été appelée à s'interroger elle-même, une

alliance qui, dans la pensée première de ceux qui l'appelaient, avait
un caractère de réparation immédiate, cette alliance est devenue, je ne
dis pas en droit, mais en fait, par la nécessité où est la France plus

que jamais de ménager, dans l'intérêt de la Russie, la paix avec l'Allemagne, cette alliance est devenue une sorte de consolidation du *statu quo*
européen. Vous direz, messieurs, qu'il faudra prendre un parti, entre

la politique de paix et celle qui, sans être la guerre, est une sorte
d'attente indéfinie de la guerre. Nous sommes, nous, résolument, définitivement, pour la politique de paix.

III

LA POLITIQUE FRANÇAISE EN ÉGYPTE

J'ai toujours eu mes idées personnelles au sujet de l'Égypte et je les ai toujours défendues ici, quoiqu'il advînt. Puisque je dois aujourd'hui faire sur l'autel de la patrie le sacrifice de toutes mes espérances, de tous mes regrets,

de tous mes souvenirs relatifs à l'Égypte, qu'on me laisse au moins exprimer librement ce que je pense de la déclaration. Je ne dirai rien de la clause de la déclaration relative à la neutralité du canal de Suez. Il est très naturel que

l'Angleterre, laissée libre d'agir à sa guise en Égypte, et continuant à occuper le canal, nous donne sa garantie qu'elle respectera la neutralité d'un passage dont elle tient les deux bords. Il n'y a plus d'inconvénients pour elle à proclamer

cette neutralité. Mais je cherche vainement dans cette déclaration quelques mots sur une autre partie de la vallée du Nil qui n'eût pas dû être oubliée ici : l'Ethiopie. Il y a là une lacune qu'il vous appartient de combler. Il est

impossible que les deux gouvernements ne voient pas l'urgence qu'il y a pour eux à s'entendre sur cette question éthiopienne, qui peut être la source de nouvelles difficultés entre les deux pays. Je regrette seulement

qu'elle n'ait pas été réglée en même temps que celle d'Égypte, et je crois être l'interprète de tous ceux qui veulent le maintien et la consolidation de l'entente établie, en vous priant de ne pas ménager vos efforts en vue du règlement le plus rapide possible

de la question éthiopienne. En échange de tout ce que nous avons concédé en Égypte, qu'avons-nous obtenu ? La reconnaissance par l'Angleterre de notre liberté d'action au Maroc. Cette liberté d'action est complète

à une première condition : c'est que nous respecterons les intérêts anglais existants au Maroc ; que notamment les traités de 1856, les capitulations, les clauses interdisant la création de monopoles ou de

privilèges spéciaux resteront en vigueur et cela *sine die*, car j'imagine que la clause des trente ans de l'article 4 ne s'applique qu'au régime commercial. Cette clause, relative au régime commercial, assure à l'Angleterre pendant trente ans, le traitement de la porte ouverte. Dès lors, ainsi que lord Lansdowne l'expliquait dans sa lettre à l'ambassadeur d'Angleterre à Paris, cette clause laisse à l'Angleterre le meilleur des avantages.

« Il est certain, dit-il, que lorsqu'une réforme de l'Administration marocaine, une réforme du régime monétaire, la construction de moyens de transport à bon marché auront ouvert le Maroc au commerce étranger, les

marchands britanniques ne peuvent que voir augmenter leur participation à ce commerce ». Dans cette même circulaire, lord Lansdowne explique pourquoi et comment il a été amené à nous consentir la liberté d'action au Maroc.

IV

L'ORGANISATION DE L'ARMÉE COLONIALE

Messieurs, je ne viens pas présenter d'amendement au chapitre 9. Mais, à propos de la discussion de ce chapitre, je demanderai à la Chambre la permission de retenir quelques instants son attention pour provoquer de

la part du Gouvernement des explications qui me paraissent nécessaires sur une question qui intéresse au plus haut point notre politique coloniale : je veux parler de l'organisation de nos troupes coloniales. Ces

explications me paraissent d'autant plus nécessaires qu'il y a quelques mois — vous devez vous en souvenir — à propos de la discussion sur l'organisation du corps expéditionnaire de Madagascar, le précédent Cabinet, par l'organe de M. le Ministre

de la guerre, a émis certaines théories, certains principes qui ont paru, à beaucoup de mes collègues et à moi, comme destructifs de toute organisation de l'armée coloniale. Je me hâte de dire qu'il n'entre nullement dans mon

intention de faire la critique de la méthode qui a été employée pour l'organisation du corps d'expédition de Madagascar. Cette critique serait aujourd'hui inutile, puisque nous nous trouvons en présence d'un fait accompli.

Je suis convaincu d'ailleurs que, quelles que soient mes opinions et celles de mes collègues sur la méthode qui a été suivie, le corps d'occupation de Madagascar a été organisé avec assez de soin, pour que nous puissions avoir l'asurance qu'il saura remplir avec gloire la mission difficile et pénible que la France lui confie. Ce que je voudrais bien établir, c'est que ce qui a été décidé pour l'organisation de cette expédition, ne doit pas servir de précédent

pour l'organisation des expéditions que nous pourrons avoir à entreprendre dans l'avenir. Je ne parle pas d'expéditions comme celle de Madagascar, j'espère que nous n'en verrons plus et que la période de conquêtes est terminée ;

mais dans la vie coloniale, lorsqu'il s'agit d'organiser un empire colonial aussi vaste que celui que nous avons la prétention de fonder, il faut prévoir des incidents qui ne doivent pas nous émouvoir ; car ils sont la conséquence

nécessaire de toute vie coloniale ; demain, sur un point quelconque de notre empire colonial, une insurrection peut éclater, une insulte peut être adressée à notre drapeau ; il faut donc avoir sous la main des forces toujours mobiles,

toujours disponibles pour venger notre honneur. Il faut que de telles expéditions puissent être organisées sans faire aucun emprunt à notre armée métropolitaine. Je demande

donc au Gouvernement de prendre l'engagement de ne pas prendre comme modèle, pour les expéditions de l'avenir, l'organisation qui a été adoptée pour l'expédition de Madagascar.

V

L'APPLICATION DE LA LOI SUR LE REPOS HEBDOMADAIRE

Le parti radical, messieurs, a toujours été disposé, il est plus que jamais disposé à s'associer à toutes les mesures qui ont pour but d'élever le niveau matériel et moral du travailleur et du prolétaire, soit par une meilleure

répartition des charges publiques, soit par une distribution plus équitable de la richesse nationale, soit par le développement incessant et continu des institutions de prévoyance et d'assurance sociales. Nous avons le même idéal que

ceux qui se considèrent comme étant ici à l'avant-garde du parti républicain. Notre idéal c'est l'affranchissement complet, intégral de la personne humaine, son affranchissement intellectuel et moral. Nous voulons aussi, par des lois appropriées, en substituant de plus en plus le travail associé au travail salarié, assurer l'affranchissement économique du travailleur et du prolétaire. Mais, quand nous parlons des prolétaires et des travailleurs, il faut bien

qu'on le sache, nous n'entendons pas seulement par ces mots parler de l'employé, de l'ouvrier, de ceux qui vivent d'un salaire ; nous y comprenons aussi l'industriel et le commerçant, nous y comprenons surtout cette admirable

légion d'artisans, de petits commerçants et de petits industriels qui font, depuis tant de siècles, la gloire de ce pays, qui ont tant contribué à la grandeur et à la prospérité de la France ; ces hommes qui, sortis presque tous du

salariat, sont arrivés, à force de travail, d'économie, de persévérance, à se créer une sorte d'indépendance, qui sont personnellement soumis à un travail matériel aussi rude que ceux qu'ils emploient, mais qui ont à supporter,

en plus, des charges constamment accrues des inquiétudes incessantes accompagnées de soucis meurtriers. Pour nous, messieurs, ces deux classes de citoyens méritent à un titre égal l'intérêt et la bienveillance des pouvoirs publics, et

quand nous faisons une loi comme celle du repos hebdomadaire, ce n'est pas pour que cette loi, dans une mesure quelconque, puisse se transformer, entre les mains des uns, en un instrument de guerre sociale contre les autres.

Or, à un moment donné, l'application de la loi n'a-t-elle pas pris, à Paris, du moins, l'allure d'une sorte de guerre sociale ? Et une guerre sociale, messieurs, de qui ? contre qui ? Je vous le demande. La guerre de ceux qui travaillent

et qui peinent contre les oisifs, contre les écumeurs de la fortune publique, contre ceux qui, pour exercer sur le travail d'autrui des prélèvements scandaleux, n'ont pas même la peine de se baisser et auxquels il suffit de faire

un geste ? Non ! c'était la guerre sociale des humbles contre les humbles, des petits contre les petits, des travailleurs contre les travailleurs ; eh bien ! cela nous ne le voulons pas ; nous ne le supporterons pas.

VI

L'ASSOCIATION DU CAPITAL ET DU TRAVAIL

Le petit commerce, la petite industrie constituent, dans ce pays, l'une des forces sociales les plus saines, les plus fécondes, et les plus utiles. N'est-ce pas le petit commerce et la petite industrie qui luttent pied à pied,

d'un bout de l'année à l'autre, avec quelles difficultés et quelles peines, vous le savez, contre l'envahissement progressif des grandes entreprises ? Sans le petit commerce, sans la petite industrie, la population française ne risquerait-elle pas

d'être rapidement divisée en deux catégories absolument irréductibles ? D'un côté, quelques privilégiés qui auraient en leurs mains l'ensemble de la fortune publique ; de l'autre côté l'innombrable légion des salariés ?

Je sais bien qu'il y a dans cette Chambre des collègues qui ne sont pas loin de considérer que c'est là un état de choses désirable, parce que, pensent-ils, le nombre aurait rapidement raison de la puissance économique. Je n'en

suis pas certain, quant à moi ; le capital a de tels moyens, des moyens si puissants et si subtils de corruption que je ne sais si nous n'arriverions pas plutôt à un véritable état de servitude générale. Mais ce n'est pas ici le moment de

discuter ce point et je passe. Le petit commerce, messieurs, n'est-il pas à la fois, l'espoir et le refuge des salariés eux-mêmes ? Que d'employés et d'ouvriers, qui jeunes aspirent après le petit patronat qu'ils considèrent comme une

sorte de terre promise ! Et quand le travailleur avance en âge, quand ses forces diminuent, où donc trouve-t-il un refuge, une place, un morceau de pain, si ce n'est chez le petit commerçant ? Les grandes entreprises, les grands

magasins ne prennent personne à partir de trente-cinq ou quarante ans. Que deviendrait alors l'homme qui n'a plus d'emploi et qui, cependant, a besoin de vivre, de se procurer du travail, s'il n'y avait pas le petit patron ?

Messieurs, je termine. Pour nous — pour moi tout au moins ; car sur ce point je ne veux parler qu'en mon nom personnel — je ne conteste pas, et je ne saurais méconnaître, l'antagonisme des intérêts économiques dans l'ordre social actuel ; je ne méconnais pas ce qu'on a appelé la lutte des classes ; c'est là malheureusement un phénomène social indéniable. La lutte des classes, comme on l'a si bien dit dans une expression d'une vérité saisissante,

a été dans le passé comme le fond tragique de l'histoire humaine ; mais quand nous faisons des lois sociales, nous les faisons pour atténuer la lutte et non pas pour l'exaspérer. C'est par la conciliation, par l'association de plus

en plus étroite entre le capital et le travail que nous voulons marcher au progrès. Pour nous, entre le capital et le travail l'union seule est féconde, l'antagonisme est funeste

VII

LA RIVALITÉ ÉCONOMIQUE DES PEUPLES

Quelque étrange que cela puisse vous paraître, il se forme de l'autre côté de la Manche, un groupe important et tous les jours plus nombreux, dont la voix commence à se faire entendre, qui pousse le gouvernement britannique

à se rapprocher de la double alliance, pour l'entraîner avec lui contre l'Allemagne dont l'essor industriel et commercial menace les intérêts anglais. Mais si des difficultés ne sont pas encore immédiates de ce côté,

d'autres éventualités pourraient troubler le repos du monde. A cet égard, la question d'Orient qui s'ouvre si inopinément, est bien de nature à nous causer de l'inquiétude. La trève prolongée dont nous jouissons n'exclut pas, comme on

le dit quelquefois, la possibilité de luttes nouvelles entre les puissances. Je sais bien que les guerres de magnificence, suivant l'expression d'un historien, ne sont plus dans nos mœurs ; que les guerres de nationalités n'ont plus

leur raison d'être ; mais il existe à cette heure entre les peuples des rivalités d'intérêts qui sont peut-être plus âpres et plus irréconciliables que les autres. Les peuples se divisent sur des questions économiques

et se disputent le commerce du monde ; c'est ce qui a donné naissance, il y a quelques années, à cet impérialisme si fort en crédit de l'autre côté de la Manche. Par une sorte de contagion, cet état d'esprit gagne tous les pays ;

chez nous il prend le nom de nationalisme; en Allemagne, on l'appelle la politique mondiale; il se répand jusqu'aux Etats-Unis qu'il transforme momentanément en une démocratie belliqueuse, en une république conquérante.

Eh bien, cet état d'esprit là, messieurs, n'annonce malheureusement pas la fraternité des peuples dont on nous a parlé un peu prématurément. M. le Ministre de la guerre a donc été fort bien inspiré l'autre jour, lorsqu'il nous disait :

« La paix dont nous jouissons, nous la devons directement à la reconstitution merveilleuse que la République a faite des forces militaires de la France et nous la devons indirectement à ce que l'alliance russe, dont on parlait

tout à l'heure, a été conclue parce que nous étions forts ». Le pays, messieurs, méditera ces paroles, y donnera son entière approbation, et comprendra qu'il ne suffit pas d'exprimer nettement sa volonté de maintenir la paix

pour la rendre absolument certaine, mais qu'il faut encore et pendant de longues années peut-être, nous imposer de lourds sacrifices pour conserver dans toute sa force notre armée qui ne permet pas seulement à la France

de continuer son rôle de civilisateur dans le monde, mais qui est aussi pour elle, à cette heure où toutes les nations dépensent sans compter en préparatifs militaires, la seule garantie d'existence et de durée.

VIII

LE TARIF DES DROITS DE DOUANE

Il a paru récemment dans le Bulletin de l'Office du Travail une étude sur la situation des ouvriers du Japon qui fabriquent des tissus. On y constate que le salaire des ouvriers tisseurs japonais est tellement

réduit qu'ils arrivent à se contenter de 6o centimes par jour pour les tisseurs, de 3o centimes ou de 4o centimes pour les tisseuses, qui travaillent parfois jusqu'à 17 heures par jour. Comment voulez vous que, dans ces conditions, nos

malheureux tisseurs, nos malheureux fabricants puissent lutter contre une main-d'œuvre à si bon marché, alors surtout que les tissus produits par ces tisseurs japonais entrent en France complètement en franchise ? Il y a donc nécessité absolue d'arriver à protéger notre travail national contre cet envahissement des tissus étrangers, qui ruine complètement notre grande industrie nationale de la soie pure. Ce que nous vous

demandons aujourd'hui, messieurs, c'est tout d'abord de mettre un terme à cette anomalie, c'est-à-dire de ne pas laisser la matière première du tissage entrer en France avec un droit de douane supérieur au produit fabriqué lui-même,

de relever par conséquent le droit de douane sur la soierie pure à 7 fr. 5o ; nous vous demandons en même temps de supprimer cette franchise, que rien n'explique et ne justifie actuellement, en faveur des

tissus d'Extrême-Orient, et de leur appliquer au tarif minimum le droit de 9 fr. Nous justifions notre demande tout d'abord par cette simple considération, que je vous indiquais tout à l'heure : absence complète

de toute protection du travail ouvrier dans les pays producteurs d'Extrême-Orient, et concurrence à nous faite par un travail non protégé. Nous avons, nous, messieurs, — c'est l'honneur de la France — institué des lois

de protection ouvrière : nous avons réduit la durée du travail ; nous avons pris des mesures pour protéger le travail national ; et aujourd'hui nous sommes concurrencés par des pays qui n'ont pas progressé aussi vite que

nous ou qui n'ont pas progressé du tout en matière sociale. Le Japon n'a établi aucune protection ouvrière : ses ouvriers travaillent pour des salaires dérisoires et pendant un temps considérable chaque jour. La Suisse est

également beaucoup moins avancée que nous au point de vue de la réglementation du travail. Nous sommes donc, de ce côté, dans un état d'infériorité notable. Parce que nous aurons été plus humains que les autres pays,

parce que nous les aurons devancés sur certains points dans la voie de la protection du travail ouvrier, devrons-nous ensuite abandonner complètement une grande industrie qui se trouvera ruinée par cette concurrence ?

IX

LE TARIF DES DROITS DE DOUANE (*suite*)

Nos lois de protection ouvrière ne doivent pas constituer une prime à ceux qui, n'ayant pas eu les mêmes sentiments d'humanité que nous, en profitent pour venir avantageusement ensuite nous concurrencer sur nos marchés. D'autre part,

il ne faut par nous dissimuler que la vie, en France, est infiniment plus chère qu'au Japon, par exemple, où les ouvriers arrivent à se contenter de quelques poignées de riz pour vivre, infiniment plus chère encore qu'en Suisse où les impôts

de consommation qui grèvent la vie de tous les jours sont bien moins élevés qu'en France. Enfin, messieurs, vous voudrez bien remarquer à ce point de vue spécial de la soierie, que nous payons en France sur les soies moulinées, un droit

de 3 fr. à l'entrée, tandis qu'en Suisse on jouit d'une franchise presque absolue à cet égard. Là encore il est nécessaire de mettre en concordance avec lui-même notre système douanier en ce qu'il protège des matières

premières qui ne sont pas protégées à l'étranger et nous met ainsi en état d'infériorité sensible. Il existe donc une lacune dans notre tarif général des douanes. La soierie pure est la seule industrie qui ne soit pas réellement et efficacement

protégée. Nous vous demandons de boucher cette fissure ; nous vous le demandons pour notre industrie et pour nos ouvriers. Qui trouvons-nous en face de nous dans cette question ? Un seul adversaire : le marché de Paris.

Ce sont les grands commissionnaires parisiens qui ont mené toute la campagne contre le droit de 7 fr. 50 et contre le droit de 9 fr. : ce sont ceux qui ont cherché, connaissant leur impuissance à aboutir devant la majorité protectionniste

de cette Chambre, des alliés là où, certes, ils n'auraient pas dû en trouver. Le marché de Paris est intéressé dans une notable mesure, ce n'est pas douteux, à la franchise absolue des soieries.

Les grands commissionnaires parisiens ont, en effet, tout intérêt, lorsqu'ils se trouvent en présence de vendeurs, de fabricants, de producteurs qui viennent leur offrir leurs produits, à les mettre simplement en concurrence avec des ache-

teurs et producteurs étrangers. Les soieries étrangères viennent ainsi exercer sur le marché français, sur les producteurs français eux-mêmes, une pression constante qui entraîne l'avilissement des prix des tissus et, par suite, des salaires de

nos ouvriers au seul bénéfice du commissionnaire intermédiaire. C'est pourquoi, messieurs, afin de continuer à profiter de cette concurrence mortelle pour notre industrie et de pouvoir exercer davantage cette pression par le rabais sur les diffé-

rents fabricants français ; le marché de Paris s'oppose avec énergie à l'établissement de ces droits de douane. Seuls, comme je vous le disais il y a un instant, les commissionnaires ne pourraient rien ; mais ils ont cherché des alliés.

Gammes à 160 Mots

Nombre de répétitions :

1re, 2e et 3e gammes, 50 répétitions
4e, 5e et 6e — 40 —
7e, 8e et 9e — 30 —

]

LES NÉGOCIATIONS FRANCO-ALLEMANDES.

Messieurs, le dix juillet dernier, j'ai fait connaître à la Chambre les premiers résultats des négociations engagées entre l'Allemagne et la France au sujet de la conférence marocaine. Le Gouvernement de la République n'a accepté de participer

à cette conférence qu'après s'être mis d'accord avec le gouvernement impérial sur les principes qui constituent la garantie indispensable des intérêts de la France au Maroc et de sa situation spéciale vis-à-vis de l'empire

chérifien. C'est cet accord que consacrait le protocole du huit juillet. En le communiquant à la Chambre, je l'ai priée d'ajourner tout débat sur les affaires marocaines jusqu'au moment où je pourrais lui fournir de plus complètes explications ; en effet,

nous avions encore à déterminer le programme de la conférence et à le faire accepter de concert avec le Sultan. Le vingt-huit septembre dernier, j'ai signé avec le prince Radolin un nouveau protocole qui a fixé le projet de programme

en conformité des principes adoptés dans l'échange de lettres du huit juillet. A la date du vingt-huit octobre, le sultan du Maroc a fait connaître à notre ministre à Fez et au ministre d'Allemagne qu'il adhérait au programme proposé et qu'il se ralliait au choix de la ville d'Algésiras comme lieu de réunion de la conférence. L'Espagne prêtant de nouveau à l'Europe son hospitalité qu'elle pouvait d'ailleurs dans l'espèce considérer comme une tradition, il lui appartenait

de convoquer les puissances. Pour satisfaire à une demande du maghzen, la date du quinze décembre primitivement fixée, n'a pas été maintenue. Je suis fondé à penser que la conférence s'ouvrira dans les premiers jours de janvier.

J'avais également promis au Parlement de placer sous ses yeux les documents concernant la question marocaine. Le Livre Jaune qui vous a été distribué, vous permet d'apprécier, dans son ensemble, la politique suivie par la France au Maroc et

les incidents qui en ont marqué la dernière phase ; tout esprit impartial y trouvera en même temps la preuve de la modération et de la légitimité de notre action. La France, messieurs, ne peut pas ne pas avoir une politique marocaine ;

la forme et la direction que prendra dans l'avenir l'évolution de l'empire marocain influeront d'une manière décisive sur les destinées de nos possessions de l'Afrique du Nord. Depuis soixante ans, le voisinage du Maroc a été

pour l'Algérie une cause permanente de trouble et d'agitation. La sécurité de nos communications et de nos postes frontières ; celle de nos sujets algériens, menacée par des excitations de toute nature ; la présence constante sur

nos confins des rebelles et des fugitifs de chaque insurrection ; l'agression continue, dont nous sommes menacés, tout cela nous faisait un devoir d'intervenir.

II

LA CRISE VITICOLE DANS LE MIDI.

Je n'ai pas l'intention d'abuser des instants de la Chambre, mais mes collègues comprendront sans doute que nous ne puissions laisser clore la session parlementaire sans appeler l'attention du Gouvernement sur la crise effroyable qui sévit depuis plusieurs années

sur les régions viticoles et dont souffre tout particulièrement le Midi. Cette crise dure depuis bientôt six années sans interruption. Depuis six années on vend les produits de la vigne au-dessous du prix de revient ; depuis six années nous assistons à la dépréciation progressive de la propriété foncière, à la ruine de tout crédit. Depuis six ans, vous êtes chaque année menacés de ce que j'oserai appeler la grève des impôts. Oui, la propriété grande, moyenne, ou petite,

ne pourra bientôt plus réaliser sur ses bénéfices, le moyen d'acquitter l'impôt d'État. Cette question intéresse non pas seulement la prospérité d'une région, mais encore la prospérité de toutes les régions de France ; vous n'ignorez

pas, en effet, que les industries françaises n'ont jamais eu de meilleurs clients que nos populations méridionales, à qui on ne peut reprocher qu'un peu d'imprévoyance, qui dépensent sans compter ; mais, de cette imprévoyance, vous avez tous recueilli,

dans toutes les régions, pendant de longues années, tous les bénéfices. Notre prospérité a été l'agent permanent de la vôtre ; vous y renonceriez si vous ne nous souteniez pas dans nos légitimes revendications. En outre, il y a ici une

question sociale de premier ordre. Il n'existe pas chez nous de conflit entre le capital et le travail ; une commune misère a nivelé toutes les conditions, et de la propriété sous toutes ses formes, aussi bien que du prolétariat agricole,

monte vers vous un cri de détresse auquel vous ne pouvez pas rester insensibles. C'est ce cri de détresse que je viens jeter à cette tribune. Lorsqu'a eu lieu l'interpellation sur la politique générale du Gouvernement, je m'étais proposé

de prendre la parole au sujet de la politique agricole du Gouvernement ; le programme du ministère a été, sur ce point, il faut le reconnaître, d'une discrétion, d'une sobriété excessives. On parle de la revision

de l'impôt foncier, ce qui signifie peut-être, comme le remarquait M. Jaurès, diminution ; vous nous parlez de la création des chambres d'agriculture, déjà promise depuis longtemps ; enfin vous nous promettez d'appliquer rigoureusement les lois sur les

fraudes et de combler les lacunes de la législation existante. C'est sur ce point d'abord que je voudrais appeler l'attention du Gouvernement. Que compte-t-il faire pour la répression de la fraude ? Nous ne pouvons pas aujourd'hui, dans le cadre de cette

interpellation, discuter le détail des mesures répressives contre la fraude, mais nous devons du moins indiquer d'une façon générale, sur quel principe doit reposer, selon nous, cette répression.

III

LA RÉPRESSION DES FRAUDES

Le résultat à obtenir, ce n'est pas seulement de réaliser la diminution, la disparition presque totale des fraudes, c'est d'enlever à ce Midi viticole dont elle paralyse en ce moment les bonnes volontés, la peur de la fraude.

Nous voudrions pouvoir prendre des mesures telles que celles que nous propose M. le ministre des finances. Les régions viticoles qui ont étonné le monde par leur initiative et leur énergie lorsqu'il s'est agi de reconstituer leur

vignoble détruit par le phylloxéra, sont encore capables d'étonner le monde par leur puissance d'organisation pour la vente de leurs produits, pour la diminution du prix de revient, pour l'établissement d'une organisation plus conforme aux

usages modernes de la propriété et de l'échange. Oui, nous sommes toujours aussi libres qu'autrefois, mais à une condition, c'est que nous puissions exercer notre initiative à l'abri des tentatives de la falsification et des manœuvres

permanentes de la fraude. Ce qu'il faut, par conséquent, c'est renforcer notre législation sur les sucres. Vous souvenez-vous du débat qui fut institué à cette tribune avec tant d'énergie par quelques-uns de nos amis qui siègent aujourd'hui sur les bancs

du Gouvernement et qui furent alors les plus éloquents de nos défenseurs. Il fut, à ce moment, question d'établir pour le sucre une surveillance qui prit le sucre à la fabrique et le conduisit jusque dans la cave du producteur en passant par l'entrepôt.

Vous n'avez pas admis cette surveillance intégrale. C'est là la lacune formidable de votre loi, c'est par là que passe toute la fraude, c'est là qu'est le point d'insécurité qu'en ce moment la viticulture vous demande de faire disparaître.

De plus, vous savez très bien que si votre surveillance des sucres n'a pas un caractère fiscal, que si les employés de la régie n'ont pas à sauvegarder les intérêts du Trésor, en même temps que la probité commerciale, vous savez, dis je, que la surveillance des sucres sera, la plupart du temps, inefficace. La vigilance de l'administration est en raison même des bénéfices que cette surveillance peut rapporter au Trésor. Eh bien ! nous vous demanderons, dans les propositions de loi

que nous déposerons, ou dans les amendements que nous apporterons au projet de loi gouvernemental, de nous assurer une surveillance intégrale de la circulation des sucres et d'établir en même temps une surtaxe suffisante sur les

sucres allant à la vendange. Voilà deux principes qui doivent inspirer les auteurs des propositions et des projets de loi répressifs sur la fraude. Il ne suffit pas de réprimer les fraudes ; il faut également envisager la question viticole

dans son ensemble. Nous attendons du Gouvernement qu'il nous aide à créer chaque jour des débouchés nouveaux à l'intérieur et à l'extérieur. Je ne puis parler ici qu'avec une discrétion qui se comprend assez des traités de commerce.

IV

CRITIQUES SUR LE SYSTÈME DOUANIER

Je ne voudrais pas compromettre par des paroles imprudentes qui dépasseraient ma pensée, des négociations engagées avec la Suisse ou avec l'Espagne ; mais je ne dépasserai pas ma pensée en vous adressant une critique qui du reste s'adresse

aussi bien à vos prédécesseurs qu'à vous-même : c'est que nous avons la sensation que nous nous sommes laissé surprendre. Nos commerçants ne comprennent pas très bien que les négociations n'aient pas été entreprises un peu plus tôt en ce qui concerne la Suisse et

l'Espagne. De même nous sommes vis-à-vis de la Russie dans une situation assez fâcheuse. Notre grande alliée a souvent besoin de nous. Elle accepte, elle sollicite notre concours financier, mais les bénéfices de l'Alliance ne nous

apparaissent pas à nous, viticulteurs, sous une forme tangible. Ce sont des tarifs prohibitifs, dont le caractère fiscal est bien connu, qui nous empêchent de faire pénétrer en Russie une quantité appréciable de nos produits viticoles.

L'Angleterre elle-même, avec laquelle nous avons conclu des accords, ferme à nos vins l'entrée de ses frontières, et lorsque les tarifs douaniers sont accessibles à nos produits viticoles, ils sont répartis d'une manière tellement anormale que grâce à la taxation au volume, ce sont toujours les vins à haut degré, entrant sous un faible volume, qui bénéficient des tarifs douaniers les plus réduits ; vous en voyez la conséquence immédiate. C'est au-delà des frontières, la falsification,

le mouillage, la fraude sous toutes ses formes. En somme, et pour me résumer, je n'attends pas du Gouvernement toutes les mesures qui pourraient faire cesser la crise viticole. Je sais que la plupart d'entre elles ne sont pas entre ses mains. Je reconnais

volontiers que le ministre ne peut pas tout faire. Nous savons très bien que l'initiative privée peut beaucoup. Nous savons qu'une meilleure organisation de la vente, qu'un meilleur aménagement des cultures, que la diminution des prix de revient et

l'augmentation des prix de vente par une organisation syndicale, sont peut-être les véritables remèdes vraiment modernes de la crise, et je reconnais que M. le Ministre de l'Agriculture, par le dépôt de son projet de loi sur les

coopératives, qui est encore devant le Sénat et consiste à subventionner toutes les tentatives utiles, nous donne des encouragements qui ont leur prix. Nous sommes disposés à faire cet effort ; nous sommes disposés à nous organiser.

Nous ne nous abandonnerons pas. Nous ferons appel à toutes les ressources de notre énergie bien française. Mais vous avez aussi un devoir à remplir ; vous devez vous mettre à l'abri de toutes les tentatives, de toutes les manœuvres de la fraude.

Vous ne devez reculer devant aucun inconvénient particulier. Vous n'avez pas à vous préoccuper de savoir si la répression énergique des fraudes gênerait plus ou moins considérablement telle ou telle branche de l'industrie.

V

COMMENT CONSTITUER LES RETRAITES OUVRIÈRES

Le premier système est celui où l'État seul interviendrait pour constituer la pension de retraite, sans aucun concours de l'intéressé ni du patron. Ce système, sans qu'il soit besoin d'en discuter le principe, est généralement repoussé parce qu'il se heurte à une impossibilité matérielle, l'insuffisance des ressources budgétaires qui ne permet pas à l'État de supporter cette charge ou qui ne permet de donner qu'une retraite dérisoire. On considère, au contraire,

généralement que si l'État doit intervenir pour parfaire un minimum de pension à la formation duquel contribuent l'intéressé et le patron, on ne saurait lui en donner uniquement la charge, parce que le principe moralisateur de solidarité

volontaire, partant de l'élan d'âme de chaque citoyen, ne se réaliserait pas si l'État seul — abstraction, en dehors de tout concours de volonté, — constituait la retraite. L'homme resterait dans l'inertie et l'irresponsabilité

et rien des mouvements sublimes de mutualité qui font honneur à l'humanité n'apparaîtrait plus. En résumé, l'intervention de l'État, exigée pour parfaire le minimum de la pension, se justifie pratiquement et théoriquement ; il est

inutile d'insister sur ce point. Le concours du patron ne se justifie pas moins. Il est incontestable que le patronat accepte aussi facilement le principe de son intervention — je ne parle pas du quantum, ceci est une autre question, mais

du principe seulement — et d'ailleurs dans maintes industries, je le dis à son honneur, il n'a pas attendu les inspirations du législateur pour prendre cette initiative louable. De tous côtés on a vu les patrons de la grande industrie offrir

généreusement un large concours et faire des efforts considérables pour participer à la constitution de la retraite de leurs ouvriers. Je pourrais citer de nombreux exemples de cas où leur contribution dépasse celle qui leur est demandée.

Théoriquement d'ailleurs, l'intervention patronale se justifie. Le patron a un intérêt moral, social et industriel à concourir à la formation de pensions de retraite pour son personnel. En effet l'humanité lui fait un devoir de conserver

l'ouvrier, même lorsqu'il devient par son âge moins productif. Le patron peut rajeunir et renouveler son personnel, par conséquent donner plus de travail, amener moins de chômage s'il met l'ouvrier en situation d'abandonner le travail, et contribue à lui

assurer des moyens d'existence au moment où ses forces le trahissent. Le capital humain a besoin d'être renouvelé dans l'industrie, et pour obtenir ce renouvellement, le patron doit — ce sont des idées courantes aujourd'hui, acceptées sans difficulté —

l'effort qu'on lui demande à condition que ce soit dans la mesure où il peut le donner. Ainsi sur ces deux principes : intervention du patron, intervention de l'État pour faire le complément de la pension, je suis d'accord avec la commission.

VI

LES TOLÉRANCES AVEC LES COMPAGNIES DE CHEMIN DE FER.

Nul ne conteste que la gare Saint-Lazare, malgré qu'elle ait été construite assez récemment, ne soit déjà trop petite pour le mouvement considérable des voyageurs. Mais ce qui saute aux yeux pour les voyageurs passe inaperçu pour les marchandises ;

on s'en rend moins compte et, petit à petit, si le gouvernement n'y prenait pas garde, la Compagnie finirait par empiéter progressivement sur les limites qui lui sont tracées par les conventions, et il en résulterait un surcroît de travail énorme

pour le personnel ouvrier, sans bénéfice, je le répète, pour le commerce. Il est clair que les gares de grande vitesse de nos principales lignes à Paris étant fermées ou devant l'être à huit heures, si, aux transports privés qui apportent

dans ces gares la majeure partie des marchandises à expédier en grande vitesse, on impose, au lieu d'aller dans les gares affectées à la grande vitesse, de se rendre dans celles de la petite vitesse, c'est un surcroît de travail. C'est du

décret de 1851 que date la fixation de la grande vitesse à la gare de Paris et de la petite vitesse à la gare des Batignolles. Les conventions de 1883 n'y ont rien modifié, et cependant, chaque année, depuis

1903, la Compagnie de l'Ouest a pris l'habitude de faire transférer, pendant trois mois de l'année, des transports à grande vitesse à la gare des Batignolles. La question n'est pas nouvelle. En effet, la Compagnie de l'Ouest, interrogée à ce sujet,

répondit à un commissionnaire de transports une lettre que j'ai sous les yeux, et où il est dit : « Je crois d'ailleurs devoir ajouter que la Compagnie du Nord, qui a un trafic de même nature, suit des usages semblables ». Vous voyez, Monsieur le Ministre,

que quand on commence à s'engager dans une certaine voie il est difficile de s'y arrêter ; au lieu de restreindre les dérogations, on les augmente. J'ai également sous les yeux l'affiche officielle apposée par la Compagnie du Nord quand elle a sollicité de votre prédécesseur une mesure analogue. Elle l'avait sollicitée seulement à titre provisoire, et pendant la réfection d'une partie de ses bâtiments de la gare du Nord. L'affiche qui avise le public

de ce transfert provisoire des expéditions de la gare du Nord à la Chapelle a bien soin d'ajouter : « La proposition faisant l'objet de la présente affiche a été approuvée à titre provisoire par décision du 21

octobre 1903 ». Voilà donc une autorisation provisoire qui est devenue à peu près définitive pour la Compagnie du Nord. Vous voyez que la Compagnie de l'Ouest s'en targue aujourd'hui pour faire observer que si elle demande la

même faveur, c'est qu'elle a déjà été accordée à la Compagnie du Nord. Vous voyez qu'en 1903 la Compagnie croyait déjà pouvoir se permettre d'outrepasser les droits et d'oublier les devoirs qu'elle tenait de son cahier des charges.

VII

L'ORGANISATION DU TRAVAIL EN FRANCE.

Quelles doivent être, Messieurs, les conclusions de la revue rapide à laquelle je me suis livré devant vous ? L'accord ne pourra manquer de se faire, me semble-t-il, entre tous les hommes qui n'ont pas de parti pris et qui, loin de méconnaître les difficultés

avec lesquelles le Gouvernement va être aux prises, sont, au contraire, tout disposés à lui faciliter sa tâche. Il se peut que la Commission des douanes ait été un peu loin dans ses propositions de relèvement du taux des droits ; c'est une question de

mesure à apprécier plus tard. Il se peut aussi que le système qui consiste à mettre un droit uniforme sur toutes les soieries, quelles qu'elles soient, présente des inconvénients et qu'il y ait lieu d'y substituer des droits différents, variables par spécialités.

Tout cela fera l'objet de résolutions ultérieures. Je n'hésiterai pas, pour ma part, à faire crédit au gouvernement, du moment où il est bien convaincu lui-même de la nécessité de venir en aide à l'industrie des soieries dont les

doléances ont été si énergiquement portées à cette tribune. Ce qui n'est pas défendable, c'est le système économique actuel, système incohérent et absurde en vertu duquel la matière première du tisseur est grevée d'un droit supérieur à celui qui protège son produit. Vous devez vous rappeler, Monsieur le Ministre, que nos industries sont placées dans des conditions défavorables vis à vis de la concurrence étrangère, qu'elles supportent des charges plus lourdes sous forme

d'impôts, que les frais de premier établissement et les frais généraux sont plus élevés que partout ailleurs. Ajoutez à cela que la journée de travail est réduite en France à 10 heures, car nous avons cru devoir prendre cette mesure dans l'intérêt de

la race et pour obéir aux sentiments d'humanité qui sont l'honneur d'une démocratie, tandis qu'en Suisse la journée de travail est encore de 11 heures. Je vous connais assez pour être assuré que vous aurez à cœur de rendre justice à

une population de braves gens, aux tisserands de l'industrie de la soie dont les souffrances ne sauraient vous laisser insensible, en même temps que vous aurez le souci de sauvegarder une branche importante de l'activité nationale. Il ne vous

sera pas difficile, j'en suis convaincu, de faire comprendre à la Suisse qu'il n'est pas possible de lui continuer le régime de faveur dont elle jouit actuellement parce que ce privilège ne profiterait pas à elle seule. En effet,

le régime de la nation la plus favorisée attribué à l'Allemagne, fait que si un tarif de faveur était maintenu pour la Suisse, l'Allemagne continuerait à en avoir le bénéfice, alors que nous n'en aurions pas la réciprocité.

Je ne doute pas que vous arriviez à faire comprendre à la Suisse, pays de bon sens, que nous vivons sous le régime de la maison à l'envers et que vous avez le devoir de remettre cette maison à l'endroit.

VIII

L'UTILISATION DES CRÉDITS POUR TRAVAUX NEUFS.

Il ne suffit pas d'accorder tel jour au ministre une augmentation de crédits considérable, il faut de plus la fixité, la régularité dans les crédits affectés aux travaux neufs. Quand en 1901 j'ai obtenu du Parlement qu'il voulût bien

relever les crédits affectés aux travaux neufs à 30 millions et demi, est-ce à dire que nous ayons pu tout de suite donner le plein à l'activité de nos chantiers et employer la totalité des sommes mises à notre disposition ? Non. J'ai eu la curiosité de regarder de près ces jours-ci ce qu'on avait fait des crédits la première année. Eh bien ! nous n'avons pas pu les employer en totalité, et nous avons dû laisser tomber en annulation une somme de 2 millions. Il est impossible

à une administration de régler la marche de ses chantiers, si elle n'est pas d'avance certaine qu'on lui allouera les mêmes crédits pendant une série d'années suffisante pour mener à bonne fin les travaux entrepris. Voilà le grand défaut de

notre méthode, non pas de notre méthode en ce qui concerne la conduite des travaux publics, mais de notre méthode budgétaire, de notre méthode financière. Un ministre arrive qui est disposé à donner à ces chantiers toute l'activité

désirable. Il fait espérer aux populations qui les attendent — avec quelle anxiété, vous le savez, vous en êtes témoins — l'exécution à bref délai de ces travaux depuis longtemps désirés. Et brusquement, par le fait de la diminution

des crédits, on voit les rails des petits tramways destinés aux remblais rester inoccupés, les brouettes pourrir, les ouvriers déserter les chantiers autrefois si actifs. Ai-je besoin de dire ce que coûte une pareille méthode ? Elle est incompatible

avec l'économie des deniers des contribuables. J'ajoute qu'on peut évaluer la perte afférente à ces retards incessants à 20 o/o au moins. Vous voyez ce que cela représente sur des sommes aussi considérables. Ai-je besoin de vous

rappeler l'exemple typique du canal de la Marne à la Saône ? En 1899, quand je suis arrivé au Ministère des Travaux publics, j'ai trouvé deux sections de ce canal exécutés, tandis que les travaux sur la troisième étaient totalement

interrompus. Soixante-dix millions avaient été engloutis dans les travaux antérieurs et ces soixante-dix millions ne rapportaient rien, ne servaient à aucun amortissement. La conclusion c'est que, si nous voulons faire quelque chose et nous tenir non pas en avant de

nos concurrents voisins, mais à leur hauteur, il faut nous décider à adopter une méthode financière complètement différente. Ces observations me conduisent à cette conclusion que les prières que nous apportons à la tribune de la Chambre

quand M. le Ministre des Travaux Publics est seul assis au banc du Gouvernement pour le représenter, ne tombent pas dans la bonne oreille. La bonne oreille c'est celle de M. le Ministre des Finances.

IX

LES TARIFS DES CHEMINS DE FER.

Messieurs, je monte à la tribune, ayant encore présente à l'esprit l'objurgation que nous adressait tout à l'heure M. le Président de la Commission du Budget, quand il nous disait que ce n'est pas au cours d'une pareille discussion que doivent venir

des développements sur toutes les questions. Mais je dois faire observer que, pour la première fois à cette tribune, va s'instituer un débat qui intéresse l'Agriculture tout entière et par conséquent notre prospérité nationale. Il était

impossible d'attendre plus longtemps pour apporter ici les doléances de nos agriculteurs, et pour montrer quel est l'effort que nous devons faire et quelle est la méthode que nous devons appliquer pour essayer d'atteindre le même but que nos concurrents

étrangers en matière de transports agricoles, alors surtout que nos importations augmentent et que nos exportations diminuent d'une manière inquiétante. Vous savez, Messieurs, que l'avilissement du prix du blé et de beaucoup de cultures spéciales

a amené nos agriculteurs à augmenter les cultures maraîchères, fruitières et florales. Dans toutes les régions, dans la mienne notamment, les cultures ont décuplé au moins depuis 20 ans. Dernièrement, dans une lettre de M. le Directeur

des Chemins de fer, répondant au Conseil municipal d'Agen, qui avait demandé qu'à la gare de cette ville on instaurât un nouvel édifice destiné à l'expédition des fruits et primeurs, je lisais, avec quelque stupéfaction, que le trafic de

ces denrées avait diminué ; or autour de moi, je vois tous les jours la culture augmenter. On reste tant soit peu rêveur lorsqu'on fait de pareilles constatations et qu'on recherche quelles en peuvent être les causes. Ces causes, il ne faut pas craindre de les dénoncer.

C'est d'abord le défaut d'entente absolu entre les compagnies ; c'est ensuite la concurrence qu'elles se font, c'est enfin un système de tarifs si fantaisistes, le mot n'est pas trop fort, qu'il est véritablement nécessaire de l'indiquer ici.

J'en donnerai un simple exemple. Lorsque les compagnies ont voulu faire un tarif commun pour l'expédition des pommes de terre nouvelles, elles n'ont pas pu se mettre d'accord pour définir de façon précise ce qu'était une pomme de terre nouvelle.

Que cela ne vous étonne pas, messieurs : j'ai puisé le renseignement dans le rapport présenté au comité consultatif des chemins de fer. Il y a ensuite certains procédés de concurrence, il y en a un notamment qui fut dénoncé en 1903

à cette tribune dans la discussion du budget des chemins de fer de l'Etat. Vous savez qu'en 1901 le Midi et l'Etat avaient consenti un tarif commun pour transporter les produits qui viennent de la vallée de la Garonne, notamment les

prunes et les tomates. Ces produits aboutissaient aux ports de la Rochelle et de Saint-Nazaire et partaient de là pour l'Angleterre. Aussitôt, la Compagnie d'Orléans a voulu mettre la main sur ce trafic.

TABLE DES MATIÈRES

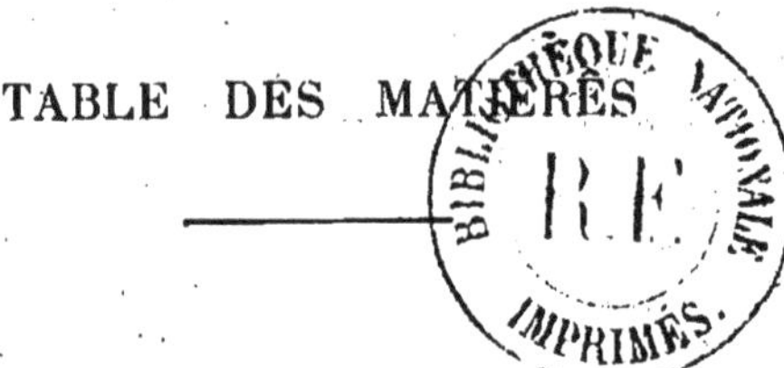

MONTDIDIER. — IMPRIMERIE BELLIN.